Cesar Gonzalo Iñiguez Monroy
Roumen K. Zlatev
R. Esmeralda Rodríguez G.

Producción fotosintética solar de hidrógeno

Cesar Gonzalo Iñiguez Monroy
Roumen K. Zlatev
R. Esmeralda Rodríguez G.

Producción fotosintética solar de hidrógeno

Una alternativa energética renovable

PUBLICIA

Impressum / Aviso legal
Bibliografische Information der Deutschen Nationalbibliothek: Die Deutsche Nationalbibliothek verzeichnet diese Publikation in der Deutschen Nationalbibliografie; detaillierte bibliografische Daten sind im Internet über http://dnb.d-nb.de abrufbar.

Información bibliográfica de la Deutsche Nationalbibliothek: La Deutsche Nationalbibliothek clasifica esta publicación en la Deutsche Nationalbibliografie; los datos bibliográficos detallados están disponibles en internet en http://dnb.d-nb.de.

Coverbild / Imagen de portada: www.ingimage.com

Verlag / Editorial:
PUBLICIA
ist ein Imprint der / es una marca de
OmniScriptum GmbH & Co. KG
Bahnhofstraße 28, 66111 Saarbrücken, Deutschland / Alemania
Email / Correo Electrónico: info@editorial-publicia.com

Herstellung: siehe letzte Seite /
Publicado en: consulte la última página
ISBN: 978-3-639-64985-7

Zugl. / Aprobado por: Mexicali, Universidad Autónoma de Baja California, Tesis Doctoral, 2011

Producción fotosintética solar de hidrógeno. Una alternativa energética renovable.

Dr. César Gonzalo Iñiguez Monroy

Dr. Roumen Koytchev Zlatev

Dra. Margarita Stilianova Stoytcheva

Dra. Rosario Esmeralda Rodriguez Gonzalez

Dr. Jean Pierre Magnin

I. Índice General

II. ÍNDICE DE FIGURAS Y TABLAS

FIGURAS

TABLAS

INTRODUCCIÓN

Una gran proporción de las necesidades energéticas mundiales están siendo cubiertas por los combustibles fósiles, lo cual ha llevado a un consumo acelerado de estos recursos no renovables. Esto ha resultado tanto en el incremento en la concentración de CO_2 en la atmósfera, como en el rápido agotamiento de los recursos fósiles. El incremento del primero está considerado la causa principal del calentamiento global y cambio climático.
El agotamiento de los recursos fósiles llevara a una crisis energética en el futuro cercano.

Aunado a esto, asuntos relacionados con la seguridad energética en diversas regiones del mundo han motivado a los gobiernos a buscar un sistema proveedor de energía sustentable, segura y ambientalmente amigable. En nuestro caso, la situación de México es crítica, ya que el propio gobierno ha reconocido que se cuenta con reservas probadas de petróleo para garantizar su autosuficiencia energética sólo para los próximos diez o veinte años. Por consiguiente, es urgente establecer estrategias y emprender acciones inmediatas que nos permitan asegurar en el futuro cercano ser autosuficientes para satisfacer la demanda en energía que nuestro país requerirá en el mediano y largo plazo.

Las fuentes de energía renovables han recibido una gran atención por parte de la comunidad internacional en la última década. Estas incluyen la energía solar, eólica, hidroeléctrica, biomasa, etc. Asimismo, han sido propuestos diversos combustibles para ayudar a disminuir la contaminación ambiental y proporcionar la demanda de energía requerida por la humanidad. Estos combustibles incluyen gasolinas reformuladas, etanol, metanol, líquidos sintéticos tal como el dimetil éter extraído del gas natural o del carbón, gas natural comprimido e hidrógeno. De todas estas alternativas el hidrógeno ofrece el más grande potencial para disminuir la contaminación ambiental y los más grandes beneficios para complementar la demanda de energía. Al igual que la energía eléctrica, el hidrógeno podría ser una fuente de energía versátil, ya que se puede producir de una gran variedad de fuentes primarias de energía renovables (energía solar, eólica, hidroeléctrica, biomasa, etc.) y no renovables (petróleo, gas natural y carbón).

El hidrógeno es un combustible prometedor, ya que tiene un contenido energético por unidad de masa mayor al del petróleo (142 MJ kg^{-1} para H_2 versus 42 MJ kg^{-1} para el petróleo), y todos los combustibles conocidos.

Es el único combustible con un contenido de energía lo suficientemente alto para las necesidades de la exploración espacial, y su único subproducto es el agua, por lo cual es ambientalmente limpio. Puede ser transportado para consumo domestico e industrial por métodos convencionales. Su manejo es más seguro que el del gas natural. Es el único combustible libre de carbono, cuya oxidación produce solamente agua y puede ser utilizado directamente en una maquina de combustión, o bien en una celda de combustible. Estas ventajas han generado un interés considerable en los vehículos de celda de combustible de hidrógeno entre los gobiernos y la industria automotriz.

Actualmente, el 40% del hidrógeno es producido a partir del gas natural, el 30% de fracciones pesadas del petróleo y nafta, el 18% del carbón, el 4% de la electrolisis y cerca del 1% es producido a partir de biomasa. El uso de métodos biológicos para la producción de hidrógeno deben reducir significativamente los costos de la energía, ya que estos procesos no requieren de calentamiento extenso o electricidad, como en las plantas de electrolisis o reformado térmico. Son operados usualmente a temperatura ambiente y presión atmosférica, además de que pueden utilizar fuentes de energía renovables. Además, son procesos que no involucran la emisión de gases contaminantes. Sin embargo, las velocidades reportadas de producción de biohidrógeno, la estabilidad de los sistemas y la eficiencia de estos procesos aun no son suficientes para hacerlos comercialmente viables.

La bacteria fotosintética *Rhodobacter capsulatus* es capaz de producir H_2 con rendimientos importantes en la luz. Esta foto-producción de H_2 es debida a la enzima nitrogenasa, la cual en ausencia de substratos alternativos, es capaz de reducir protones a hidrógeno gas. Tanto condiciones anaerobias como altas intensidades de luz son requeridas, en adición a un substrato efectivamente metabolizado. También se ha demostrado que cultivos mutantes pueden ser aislados y que han mostrado capacidades mejoradas de producción de hidrógeno comparadas con el tipo silvestre. El tipo mutante IR3 de esta bacteria ha demostrado una capacidad aumentada de producción sobre otras variedades mutantes y sobre la misma variedad silvestre B10.

La producción continua competitiva de biohidrógeno aun no ha sido lograda hasta el momento. Uno de los obstáculos consiste en que la salida de hidrógeno representa una pérdida de energía para la célula, mientras que la red metabólica microbiana ha evolucionado para racionalizar el uso de energía. Sin embargo, es posible utilizar la luz solar; así como ciertos residuos industriales, con el objetivo de reducir los costos y crear un sistema de generación competitivo.

En este estudio, dos tipos distintos de bacterias fotosintéticas han sido evaluados en su capacidad productora de hidrógeno, *Rhodobacter capsulatus* tipo silvestre (B10) y tipo modificado (IR3). Diversas condiciones de intensidad luminosa, geometría de reactor y temperatura han sido aplicadas en sistemas de producción de hidrógeno; con el objetivo de medir el volumen total de hidrógeno, así como la velocidad de producción y el rendimiento de producción.

La generación de hidrógeno utilizando luz solar también ha sido evaluada con ambos microorganismos, utilizando ciclos de iluminación solar/lámpara. Finalmente, un proceso para la generación de hidrógeno utilizando suero de leche como medio de cultivo ha sido desarrollado. La utilización de substratos derivados de desechos alimenticios, así como el aprovechamiento de la energía solar para la fotosíntesis bacteriana, tiene como consecuencia la reducción de costos de generación de hidrógeno, haciendo positivos los balances energético y financiero del sistema.

REVISIÓN BIBLIOGRÁFICA

2.1 SUMINISTRO DE ENERGÍA EN EL MUNDO

2.1.1 Situación Energética Actual

En 1939, había en el mundo 2 billones de personas. En el año 2000 había 6 billones. Para el 2035 se espera que la población alcance los 9 billones. Muchas de estas personas desearan calefacción en el invierno y aire acondicionado durante el verano. Desearan utilizar refrigeradores, automóviles, radio y televisión.

La pregunta es, ¿qué tipo de mundo habremos creado? Si continuamos basando nuestras economías en petróleo y carbón, crearemos un mundo lleno con aire tóxico, agua sucia y enfermedades debilitantes. El calentamiento global probablemente traerá sequias y huracanes, enfermedades tropicales e inundaciones en las costas.

Existe una alternativa. Podemos reemplazar el petróleo y el carbón con fuentes de energía limpia y renovable, que puedan generar electricidad, calentar edificios, y dar energía a los autos.

Las fuentes de energía renovable están disponibles en todo el mundo. La India está inundada con luz solar, mientras que el consumo energético actual de China podría ser proveído por el viento en el interior de Mongolia. En el medio oeste de los Estados Unidos también el viento es un recurso natural importante

Sin embargo, debemos recordar que la energía solar, eólica, así como la mayoría del resto de las fuentes de energía renovables, son intermitentes y regionales. Solo pueden convertirse en fuentes mayores de energía, si encontramos una forma de almacenar y transportar dicha energía eficientemente [1].

Desde los inicios de la era industrial, el abastecimiento energético se ha nutrido de los combustibles fósiles, empezando por el carbón, seguido por el petróleo y finalmente con el gas natural. A principios de este siglo los recursos energéticos primarios eran combustibles fósiles en un 80%, y la tendencia estimada por la Agencia Internacional de la Energía viene a ser para el año 2030 del 88%. La oposición social a la energía nuclear y el bajo interés mostrado hacia las energías renovables por las grandes empresas tecnológicas energéticas, por su carácter aleatorio y elevado coste de producción, pueden llevar al planeta a una situación crítica ya que la tendencia actual de consumo energético está en contradicción con los deseos mostrados a escala mundial en el Protocolo de Kyoto.

Adicionalmente al impacto en el medio ambiente, existen otros factores muy importantes a considerar: las reservas de combustibles de origen fósil en el mundo. A pesar de que nunca ha existido consenso en las reservas calculadas por diversos gobiernos e instituciones independientes; y del hecho que las reservas reportadas por tales organismos dependen del descubrimiento de nuevos yacimientos; si existe un consenso entre diversos científicos: las reservas de petróleo y gas natural podrían llegar a desaparecer en este siglo. Los yacimientos de carbón podrían durar un par de siglos más. Esta duración está fuertemente relacionada con los hábitos de consumo. [2].

La demanda de energía mundial está creciendo a un ritmo alarmante. La Comisión Europea de Revisión de Políticas de Tecnología Energética Mundial y el Clima "World Energy Technology and Climate Policy Outlook" (WETO) predice un ritmo de crecimiento media de 1.8% per annum para el período 2000-2030 para primario energía por todo el mundo. La demanda creciente se está cubriendo en gran parte por las reservas del combustible fósil que emiten ambos gases de efecto invernadero y otros agentes contaminadores. Esas reservas están disminuyendo y llegarán a ser cada vez más costosas. Actualmente, el nivel de CO_2 las emisiones per cápita para los países en desarrollo son los 20% de eso para las naciones industriales principales.

La seguridad energética es un tema importante. El combustible fósil, particularmente petróleo crudo, se confina a algunas áreas del mundo y la continuidad de la fuente es gobernada por factores políticos, económicos y ecológicos. Estos factores conspiran forzar precios de combustible volátiles, a menudo altos mientras que, al mismo tiempo, la política medioambiental está exigiendo a reducción en gases de efecto invernadero y emisiones tóxicas [3].

Sin alterar los recursos energéticos ni los usos dados a la energía en todas las facetas para las que la sociedad actual demanda, existe un portador, hasta el momento no utilizado, que podrá llegar a ser un perfecto complemento de la electricidad, facilitando su almacenamiento, sin introducir problemas medioambientales y favoreciendo el uso flexible de la energía. Se trata del hidrógeno, que, siendo abundante en la naturaleza su consumo sólo produciría agua, compuesto químico del cual se obtiene [4].

La generación de hidrógeno requiere la inversión de cierta cantidad de energía, la cual puede ser recuperada posteriormente mediante reacción con el oxígeno. Este combustible entonces puede ser utilizado como un acarreador de energía, ya que al ser almacenado, puede ser utilizado posteriormente, justamente cuando no existen otras fuentes energéticas sustentables, como la energía del viento o la del sol. Aun asi, su baja densidad y su carácter inflamable requieren del desarrollo de la tecnología necesaria para un almacenamiento seguro y eficiente; especialmente hablando de aplicaciones móviles.

Fue hasta mediados del siglo XX cuando comenzaron a desarrollarse las celdas de combustible, las cuales han permitido la posibilidad de utilizar el hidrógeno molecular para la obtención de energía eléctrica. Estas celdas, llamadas también pilas de combustible; han sido objeto de estudio para lograr obtener unidades cada vez más compactas y con mayor capacidad de entrega de energía.

Estas celdas electroquímicas constituyen un pilar de la economía del hidrógeno, en la cual se prevé la creación de redes de producción y distribución de hidrógeno, como complemento de otras energías sustentables.

El carácter regional de la disponibilidad de recursos energéticos renovables como la energía solar, eólica, hidrológica, etcétera; demanda un sistema menos centralizado de generación energética. Un sistema distribuido permitiría utilizar inmediatamente la energía obtenida in situ de fuentes naturales diversas, empleando al mismo tiempo el excedente en la producción de hidrógeno; el cual puede ser utilizado posteriormente en estos micrositios [2].

Desde luego que existen factores no solo tecnológicos sino culturales y económicos que deben ser vencidos para lograr establecer la economía del hidrógeno en la realidad. La vasta disponibilidad de combustibles fósiles en algunos países ha creado una dependencia económica respecto al petróleo principalmente. En este escenario, la incursión de vehículos eléctricos no es impulsada por tales gobiernos. Al mismo tiempo, es necesario crear una red de estaciones de abastecimiento, no solo de electricidad, sino de hidrógeno. Actualmente uno de los elementos disuasivos en la adquisición de un automóvil eléctrico es el tiempo largo de recarga, el cual oscila de 45 a 60 minutos para carga completa. Las pilas de combustible que funcionan con hidrógeno, por otro lado, requieren únicamente de alrededor de cinco minutos para la recarga de la unidad [2].

La posesión de reservas de combustibles fósiles constituye un problema económico, político y social hoy en día. Esta posesión genera conflictos por el control del suministro y la capacidad o derecho de ser beneficiario de este recurso. Por otro lado, la amplia disponibilidad de combustibles fósiles genera comúnmente lentitud en el desarrollo no solamente de tecnologías energéticas sustentables, sino de actividades económicas que eviten la dependencia en un recurso cuyo valor internacional es altamente cambiante.

2.1.2 Suministro y Seguridad Energética

De acuerdo al modelo de Hubbert acerca de la duración de las reservas petroleras, la cantidad de barriles producidos alcanzará un pico, para después decrecer a medida que se consumen las reservas, formando una gráfica en campana. Tomando datos de reservas reales y proyectadas del Departamento de Energía de los Estados Unidos, este modelo predice que la producción de barriles de petróleo alcanzará su máximo en el 2009, cayendo hasta cero en el 2090 [5].

Además, se cree que dado el alto grado de dependencia de las actividades industriales, agrícolas y de transporte del uso de petróleo y sus derivados a precios bajos; el descenso en la producción de petróleo después del pico, tendrá un impacto negativo en la economía global ante el encarecimiento del mismo.

Por otro lado, los combustibles utilizados actualmente, como el carbón y el petróleo, contribuyen a la generación tanto de partículas suspendidas, como de gases dañinos para la salud y el medio ambiente, que contribuyen al calentamiento global [4].

El impacto en la economía de los países importadores de petróleo, así como en el medio ambiente global, han llevado a países como Estados Unidos a iniciar programas como el 'Programa Hidrógeno' [6], bajo el cual se destinan recursos a la investigación en el desarrollo de la tecnología de la producción, almacenamiento y uso del hidrógeno. Actualmente Estados Unidos importa el 55% del petróleo que consume, y se estima que el porcentaje será del 68% en el 2025. Además, dos terceras partes de los 20 millones de barriles de petróleo consumidos anualmente, son usados en transportación [6].

La dependencia de una gran porción de países en el mundo en la importación del petróleo, hace que el conocer la disponibilidad futura del mismo sea de gran importancia. Las siguientes figuras ilustran las reservas petroleras, así como de gas y carbón a nivel mundial [7], utilizadas para realizar una predicción de agotamiento, las cuales coinciden con el modelo de Hubbert [5].

Como puede apreciarse en la *figura 2*, tomando como referencia la producción actual de barriles de petróleo, las reservas del mismo se agotarían al término de este siglo, sin tomar en cuenta aun el posible incremento en el ritmo de consumo, de acuerdo a las proyecciones de la *figura 3*. De acuerdo a la *figura 1*, es posible encontrar un incremento en las reservas petroleras probadas, con la ayuda de la exploración. Sin embargo, en los últimos 17 años, las reservas mundiales solo se incrementaron en aproximadamente 300 billones de barriles.

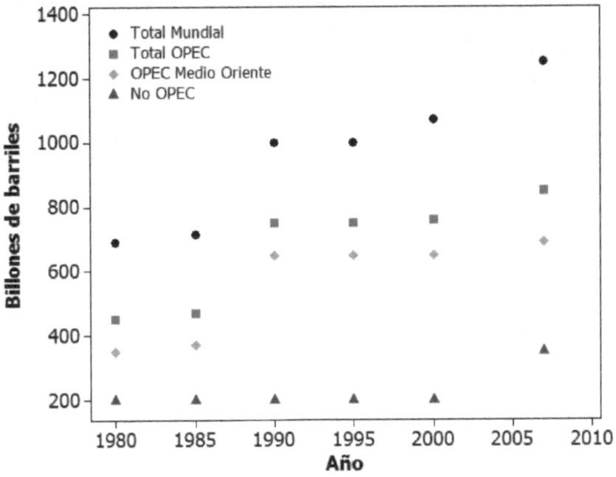

Figura 1. Evolución de las reservas petroleras mundiales totales, y por pertenencia a la OPEC (Organización de Países Exportadores de petróleo), [7].

En cuanto a otras fuentes importantes de energía, como el gas natural, la figura 4 muestra las tendencias de reservas y producción de gas natural. El estimado mundial actual de la relación reserva/producción es de 65 años. Las estimaciones de reservas de gas natural no descubiertas dan una duración adicional de 40 años.

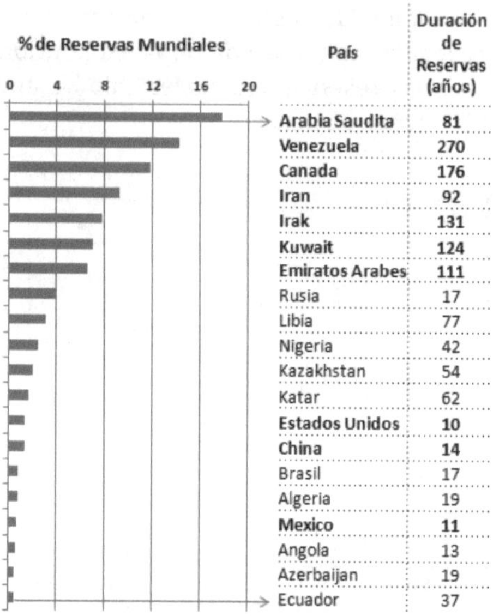

Figura 2. Reservas mundiales de petróleo probadas, hasta el 2012 (izquierda), y duración de las mismas (derecha), [7].

En el caso del carbón, la *figura 5* muestra las reservas de carbón, con una relación reserva/producción estimada de 164 años.

Las principales tres fuentes de energía, cuentan con un pronóstico de duración relativamente corto. Por las razones económicas y ecológicas mencionadas, se ha convertido en una necesidad la investigación en el área de combustibles alternativos, sobre todo en el caso del hidrógeno. El departamento de energía de los Estados Unidos, por ejemplo, ha creado un programa llamado 'Hydrogen Program', a través del cual busca investigar, desarrollar y validar métodos de producción de hidrógeno, así como celdas de combustible para el siglo actual; con el fin de utilizarlo tanto en vehículos como en aplicaciones estacionarias en la generación de energía [6].

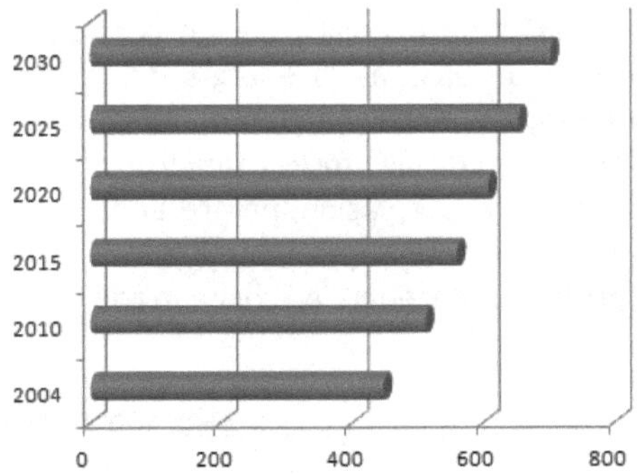

Figura 3. Proyección de demanda de energía en el mundo (BTU's ×10^{15}). La demanda energética incrementaría en un 57% para el 2030, respecto a la demanda del 2004 [7].

La sociedad de hoy depende de manera crucial de la disponibilidad ininterrumpida de los combustibles fósiles que, en el futuro, serán concentrados cada vez más en un número más pequeño de países - crear el potencial para la inestabilidad geopolítica y del precio. El hidrógeno abre el acceso a una gama amplia de fuentes de energía primarias, incluyendo combustibles fósiles, energía nuclear y, cada vez más, fuentes de energía renovables (p. ej. viento, solar, océano, y biomasa). Así, la disponibilidad y el precio del hidrógeno como portador deben ser más estables que cualquier fuente de energía por sí sola. El hidrógeno y la electricidad también permiten flexibilidad en equilibrio centralizado y la energía descentralizada, para las posiciones remotas (p. ej. isla, y los sitios de la montaña), [3].

La energía descentralizada es atractiva tanto para asegurar energía de calidad, como para cubrir necesidades específicas del cliente, así como la reducción de la exposición al atentado terrorista. La capacidad de almacenamiento de energía del hidrógeno puede ayudar más fácilmente con el equilibrio de la naturaleza intermitente de fuentes de energía renovable. El hidrógeno es también uno de los pocos portadores de energía que permite que fuentes renovables de energía se introduzcan en sistemas de transporte [3].

Existen dos fuentes primarias de energía para ser controladas y utilizadas para realizar trabajo. Una de ellas es la energía del 'capital' (como una cuenta de ahorro de energía y almacenamiento). La otra es la 'cuenta de ingresos de energía'. Los combustibles fósiles tomaron muchos millones de años de compleja reducción y conservación, progresando desde la captación de radiación solar en el crecimiento vegetal, mediante la fotosíntesis, hasta un almacenamiento profundo de energía, concentrado bajo la superficie terrestre.

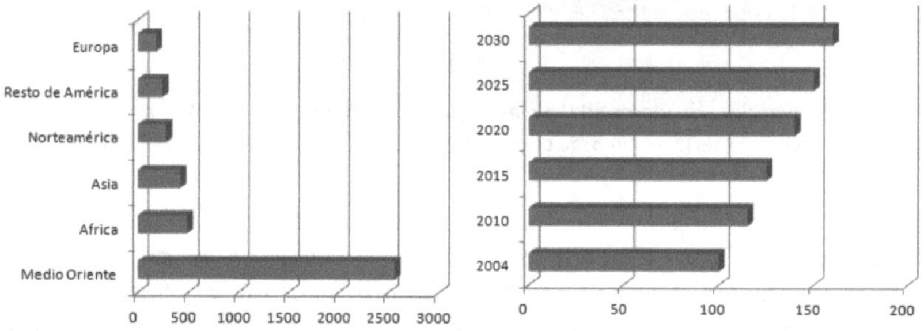

Figura 4. Reservas mundiales de gas natural (izquierda), y pronósticos mundiales de producción de gas natural (derecha), en pies cúbicos × 10^{12} [7].

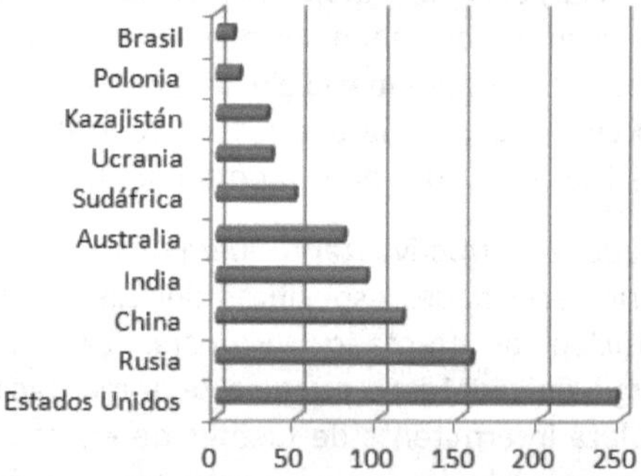

Figura 5. Reservas mundiales de carbón, en millones de toneladas, hasta el primero de enero del 2007 [7].

Existe una sobreabundancia vasta de 'energía de ingreso', en muchos lugares alrededor del mundo, para producir billones de veces más que la energía que usa el hombre actualmente; si solo supiera como almacenarla cuando está disponible, para usarla cuando ésta no está disponible. Existen fuentes de 'energía de ingreso' extremadamente grandes disponibles, las cuales no siguen las leyes de auto-conservación de la naturaleza, en el caso de que algún día hagan falta.

Existen en el agua, en las mareas, en el aire y en la radiación solar en los desiertos. Los explotadores de los combustibles fósiles dicen que cuesta menos producir y quemar la 'cuenta de ahorros'. Esto es análogo a decir que requiere menos esfuerzo robar un banco que realizar el trabajo equivalente al dinero en el banco. La pregunta es ¿a quien le va a costar? ¿A nuestros tataranietos?, quienes no tendrán combustibles fósiles para accionar las maquinas. La aceptación ignorante de los líderes mundiales, así como la falta de pensamiento constructivo a largo plazo, pone en duda el futuro de la tierra [1].

Las siguientes son reflexiones adicionales a las de R. Buckminster Fuller, relativas a la economía del hidrógeno:

Las grandes potencias están intentando seriamente encontrar alternativas al petróleo, mediante la búsqueda de la extracción de energía del sol o el agua. Esperamos en dios que no tengan éxito rápidamente, ya que nuestra posición en ese caso sería dolorosa.
—Sheikh Ahmad Zaki Yamani, Ministro del Petróleo de Saudi Arabia, 1976 [1].

Creemos que los automóviles con energía de celdas de combustible de hidrógeno probablemente tendrán su gran aparición en el mercado automotriz a través de Europa y EU para el año 2005. Además, vemos potencialmente enormes oportunidades abriéndose para la flota domestica, autobuses y taxis, mientras el gobierno alienta el uso de alternativas limpias a los vehículos convencionales. Esta tendencia representa un reto real para una compañía como Shell, para desarrollar nuevos productos, nuevas tecnologías, y para preparar e informar a nuestros clientes sobre los cambios

que están por delante...Puedo asegurarle que estaremos en esto en el largo plazo.
—Chris Fay, chief executive, Shell UK, London, 1998 [1].

Nuestra meta a largo plazo es muy simple: cero emisiones en el aire. Para cumplir esta meta, California está haciendo equipo con algunas de las mayores empresas automotrices y proveedoras de energía en el mundo, para desarrollar una excitante nueva tecnología que es ambientalmente segura y comercialmente viable.
—Gray Davis, Gobernador de California, 1999 [1].

2.1.3 Situación Energética en Países en Desarrollo con Reservas Petroleras

En los países en desarrollo con reservas de petróleo importantes, existe un abuso marcado en la sobre-explotación de los recursos naturales, incluyendo sus reservas de combustibles fósiles, lo que naturalmente ha provocado serios daños al medio ambiente por la emisión de gases contaminantes. Estas emisiones son responsables del crecimiento en la incidencia de enfermedades de los sistemas respiratorio y de la visión, incluyendo alergias. Desde luego que además de los daños a la población, se han generado daños al medio ambiente, tales como su aportación al calentamiento global del planeta, derrames de combustible en el mar, etc.

Las proyecciones de los expertos señalan que las emisiones contaminantes producto de la combustión fósil, seguirán en aumento a lo largo del siglo XXI; ya que la demanda crece junto con la población, especialmente en los países en desarrollo. Es posible que la población pueda llegar a los 12 mil millones de habitantes para el año 2050

Por otra parte, las predicciones de los expertos señalan que los combustibles fósiles se agotarán en el presente siglo, no así el de los yacimientos mundiales de carbón, con lo que el pronóstico es que la emisión de los gases de efecto invernadero por el uso de los combustibles fósiles seguirá en aumento a lo largo del siglo XXI y tal vez de los venideros, debido a la creciente demanda de energía, ya sea por el aumento poblacional mundial o para satisfacer las necesidades de desarrollo de los países. La población mundial hoy en día supera los 6 mil millones de habitantes y su proyección hacia el 2050 espera que se duplique. El consumo anual de energía es cercano a los 1000 exajolues y se espera que para el año 2050 podría triplicarse.

La situación de países en vías de desarrollo con reservas petroleras es crítica, ya que algunos gobiernos han reconocido que se cuenta con reservas probadas de petróleo para garantizar su autosuficiencia energética sólo para los próximos diez o veinte años. Las reservas petroleras de algunos países como México ya no son cuantiosas y los pronósticos anuncian que en 10 años más México comenzará a ser importador neto de petróleo. Por consiguiente, es urgente establecer estrategias y emprender acciones inmediatas que nos permitan asegurar en el futuro cercano ser autosuficientes para satisfacer la demanda en energía que nuestro país requerirá en el mediano y largo plazo. Nuestro país se encuentra en un letargo energético mientras el mundo cambia a su alrededor, es hora de despertar y ponernos a la vanguardia del desarrollo científico y tecnológico para poder encarar de frente los retos que tendremos a corto, mediano y largo plazo. El incremento de la demanda energética requiere de nuevos desarrollos en la capacidad de generación de energía, que sea segura, diversificada, disponible y limpia.

Otros países como Venezuela, han visto recrudecer sus crisis económicas y políticas debido al decremento en el precio del petróleo. La dependencia de estas economías en el petróleo ha jugado un papel detractor en su desarrollo.

En base a lo anterior, existen razones económicas y ambientales para fomentar el uso de fuentes alternas de energía siendo las energías renovables, limpias y disponibles las que representen una prioridad política de los gobiernos de los países desarrollados o en vías de desarrollo. El cambio climático global relacionado a la emisión de gases contaminantes de efecto invernadero y la necesidad de diversificar las fuentes primarias de energía han hecho que un número creciente de países en el mundo aprovechen la oportunidad ambiental y económica que representan la utilización de las fuentes renovables de energía. Los países en vías de desarrollo no pueden ser ajenos a esta realidad mundial. A través del desarrollo de fuentes de energías renovables, se tiene la oportunidad de contribuir al esfuerzo internacional no sólo de cuidar el medio ambiente, sino en lograr la autosuficiencia energética y al mismo tiempo obtener beneficios económicos y sociales con base en el uso de estas nuevas tecnologías que están revolucionando la forma en que producimos y consumimos la energía [8].

2.2 EFECTOS ADVERSOS DE LOS COMBUSTIBLES

2.2.1 Efectos de los Combustibles en la Naturaleza

Los fundamentos del calentamiento del planeta son como sigue: El dióxido de carbono (CO_2) es producido por el quemado de combustibles fósiles así como por el ciclo de carbón de la naturaleza.

Los seres humanos y los animales lo exhalan en la atmósfera como parte de su proceso metabólico; las plantas verdes lo absorben y le dan vuelta en el CO_2 de la materia de la planta. El metano y otros gases actúan como un invernadero en la atmósfera: dejan la radiación solar a través de la atmósfera calentar la superficie de la tierra, pero previenen la retransmisión de algo de esa energía nuevamente dentro de espacio, por lo tanto atrapando calor.

Una cierta colocación de trampas del calor es buena; si no nunca nos hubiéramos desarrollado en primer lugar, o nosotros nos congelaríamos hasta la muerte. Pero si se atrapan más gases de efecto invernadero que se están reuniendo alrededor de la atmósfera, más calor.

Debido a disminuciones de los bosques del mundo y disminuciones consiguientes de la absorción global del CO_2, y (más importante) debido a la quema cada vez mayor de combustibles fósiles en nuestra maquinaria, el contenido del CO_2 ha estado yendo para arriba constantemente y cada vez mayor desde el principio de la revolución industrial.

Además el clima completa un ciclo cada mil o diez mil años (tales como edades de hielo, creídas el producto de cambios en manchas solares y por lo tanto más allá de la capacidad del hombre de influenciar). El clima de la tierra ha sido razonablemente estable por 10.000 años.

Pero este equilibrio está siendo trastornado por las emisiones de carbono artificiales. La pregunta es cuánto. Opiniones, suposiciones básicas sobre el curso futuro del clima y la cantidad de aumento previsto del calor, suposiciones estrechamente vinculadas sobre el desarrollo económico global, y la fe en la computadora compleja los modelos que intentan pronosticar progresos del clima varían extensamente incluso entre la mayoría de los expertos que creen que nuestro planeta está haciendo frente a una crisis sin precedente [1].

Como más calor se está atrapando, y como las temperaturas han aumentado por todas partes del mundo, la opinión actual entre los expertos del clima del panel intergubernamental de las naciones unidas en el cambio de clima (IPCC), predice impactos extensos y drásticos en los ecosistemas, recursos hídricos, alimento y producción de la fibra, costas, y salud humana: los casquetes glaciares polares derretirán, los niveles del mar se levantarán, los estiramientos grandes de las costas (algunas incluyendo de las ciudades más grandes del mundo) serán inundados, y las cuentas de las islas en el Pacífico pueden desaparecer. Los patrones agrícolas podrían cambiar. El centro y las altas latitudes pueden llegar a ser más productivos porque las plantas absorben un CO_2 más disponible. Se espera que las producciones agrícolas que las zonas tropicales y subtropicales disminuyan. El cambio de clima podría producir más muertes con el aumento del calor, extensión de enfermedades tropicales, y contaminación atmosférica urbana mayor. En un suplemento especial dedicado a la conferencia global del cambio de clima del diciembre de 1997 en Kyoto, New York Times divulgó a ese grupo de trabajo de un IPCC había resumido sus resultados como sigue: "Comparado con la carga total de la mala salud, estos problemas no son probables de ser grandes".

Sin embargo, los impactos directos e indirectos del cambio de clima en salud humana hacen que constituya un peligro a la salud de la población humana, especialmente en los países en vías de desarrollo en las zonas tropicales y el subtrópico. Un estudio reciente que miraba la generación de ozono en cuatro zonas metropolitanas (Sacramento, Chicago, St. Louis, y Los Ángeles) concluyó que una duplicación futura del CO_2 atmosférico global daría lugar probablemente a temperaturas diarias más altas, que alternadamente "dominarían las correlaciones meteorológicas con altas concentraciones de ozono troposféricas" - en otras palabras, temperaturas más altas aumentarían las concentraciones de ozono. Más ozono, alternadamente, aumentaría la incidencia de la mortalidad prematura, admisiones de hospital para las enfermedades respiratorias, y los síntomas respiratorios. Pero algunos aspectos, especialmente la relación entre los niveles del ozono y la mortalidad prematura, todavía están en investigación. En el caso de Los Ángeles, se esperaba que las concentraciones dobladas del CO_2 aumentaran la temperatura máxima diaria del promedio anual del caso bajo 20.7°C a 24.9°C y del mínimo diario del promedio anual de 14.1°C a 18.2°C. En Chicago, el CO_2 doblado aumentaría el máximo correspondiente de 13.5°C a 19.3°C y el mínimo de 3.78°C a 10.0°C.

Para Los Ángeles, una tabla de salud anticipó el costo anual de servicios de salud como consecuencia del incremento en la temperatura. El cálculo fue de $2.552 mil millones (dólares, 1990) para la mortalidad prematura, $14.19 millones para las admisiones de hospital, y $168.000 dólares por días del síntoma respiratorio concerniente a las mismas categorías de coste por un último año típico. Para Chicago, los números correspondientes eran $979 millones, $2.38 millones, y $28.000 dólares.

Gasolina, combustible diesel, aceite pesado, keroseno del jet-grado, el gas natural, la madera, la biomasa, y el carbón propulsan los aeroplanos, los coches, los trenes y las naves, las plantas del funcionamiento, y los hogares del calor, las oficinas, los hospitales, y las escuelas. El hidrógeno, también una forma de energía química, puede hacer todas esas cosas, y puede hacerlas esencialmente sin la contaminación [1].

2.2.2 Pronósticos de concentración de dióxido de carbono

La correlación entre el promedio de temperatura en el medio ambiente y la concentración de dióxido de carbono ha sido estudiada con datos de varios cientos de miles de años de antigüedad. Ciclos de temporadas con mayor y menor temperatura han sido observados. Algunos investigadores aseguran que actualmente podríamos estar experimentando uno de los ciclos 'calientes', en oposición a aquellos que defienden que el planeta se ha ido calentando por consecuencia de las crecientes concentraciones de anhídrido carbónico. Lo cierto es que las concentraciones actuales de CO_2 no habían sido nunca tan altas, y se espera que en diversos países estas emisiones sigan creciendo, a pesar de que las medidas tomadas en algunos países hoy día estén evitando un incremento en dichas emisiones. [2,6].

La *figura 6* muestra que para el 2030, las emisiones de dióxido de carbono relacionadas con los combustibles se incrementarían aproximadamente en un 60% del nivel actual [6].

Figura 6. Porcentaje de crecimiento anual de las emisiones de dióxido de carbono en países miembros de la OCDE [7].

Por otro lado, en el caso del impacto ambiental de estos combustibles, los datos de la *figura 6* proyectan que para el 2030, las emisiones de dióxido de carbono relacionadas con los combustibles se incrementarían aproximadamente en un 60% del nivel actual [6].

Como sabemos, el incremento en la concentración de dióxido de carbono en la atmosfera genera una mayor absorción de la energia solar. El incremento en la temperatura aumenta el deshielo en los glaciares y podría provocar un incremento en la elevación del nivel del mar [2].

2.2.3 Políticas de reducción del gas de efecto invernadero

El hidrógeno se puede producir de fuentes de energía libres de carbono o de los combustibles fósiles con la captura y el almacenaje (secuestro) del CO_2. Así, el uso del hidrógeno podría eliminar eventuales emisiones de gases de efecto invernadero del sector de energía.

Las pilas de combustible pueden generar energía eléctrica eficiente y limpia de una gama de combustibles. Pueden también ser localizados cerca del punto del uso final, permitiendo la explotación del calor generado en el proceso. La *tabla 1* ilustra cómo, en una economía madura orientada al hidrógeno, la introducción de vehículos movidos por hidrógeno podría reducir las emisiones de gases de efecto invernadero medias de la flota europea de vehículos de pasajeros, comparada con el nivel medio de CO_2 de 140g/km (1) proyectado para 2008.

La última columna demuestra las cantidades correspondientes de emisiones de CO_2 que podrían ser evitadas. Esto se puede comparar al nivel total proyectado de 750-800 Mt de emisiones de dióxido de carbono para el transporte terrestre en 2010. Los números para los automóviles movidos por hidrógeno son el resultado de una suposición basada en un examen de los expertos en energías alternativas, pero no una predicción de producción o ventas futuras [3].

Tabla 1. Proyecciones de porcentaje de automóviles con tecnología de hidrógeno en Europa, y las reducciones en emisiones de dióxido de carbono, hasta el año 2040 [3].

AÑO	% de autos nuevos movidos por H_2	% de flotillas movidas por H_2	% de reducción de CO_2 (todos los autos, g/km)	CO_2 evitado por año (ton. métrica)
2020	5	2	2.8	15
2030	25	15	21	112
2040	35	32	44.8	240

2.3 HIDRÓGENO

2.3.1 Importancia Estratégica del Hidrógeno

Cerca del 50% de la energía utilizada en la actualidad proviene del petróleo, mientras que el gas natural y el carbón aportan el 30% del total. La tendencia actual marca la disminución del carbón en beneficio de una mayor explotación de yacimientos de gas natural, asi como mayor infraestructura relacionada con el mismo. La desconfianza en la tecnología nuclear de obtención de electricidad, gracias a los accidentes y consecuentes fugas de material radioactivo han impedido la ampliación de la cota de energía provista por este medio. La presión social podría incluso reducir significativamente la energía eléctrica generada en centrales nucleares, por lo cual resulta necesario crear planes de sustitución de energía nuclear por fuentes sustentables, y evitar cubrir el posible vacio de la energía nuclear con combustibles fósiles.

Se espera que los planes fijados por gobiernos de países desarrollados acerca de la reducción del uso de combustibles fósiles y su reemplazo con energía sustentable; específicamente la energía del hidrógeno, sean capaces de reducir efectivamente las emisiones de dióxido de carbono. El alcance de esas metas podría resultar un ejemplo para los países en vías de desarrollo.

Una alternativa para evitar la contaminación asociada al uso de combustibles fósiles, es la del uso de sistemas de captura de las emisiones gaseosas. Es decir, que podría ser contemplado el empleo de energía fósil siempre y cuando incluya tecnología de captura de CO_2.

El hidrógeno tiene un papel importante en la sustitución energética fósil. De la energía total consumida, cerca de un 40% es utilizada para aplicaciones de transporte y el resto para aplicaciones domesticas, industrias y servicios. De acuerdo a los Protocolos de Kyoto, es necesario reducir los mayores generadores de emisiones. Ya que el sector del transporte es responsable de cerca del 40% de las emisiones de dióxido de carbono, se ha convertido precisamente en un foco de atención.

Desde luego que el incremento en la eficiencia en los motores de combustión interna han permitido reducir las emisiones de dióxido de carbono de un motor actual. Se estima que un motor actual emite hasta un 40% menos que los motores de la última década del siglo XX. A pesar de ello, el incremento en la cantidad de automóviles que circulan en el mundo, las emisiones de CO_2 por transporte continúan en aumento. El hidrógeno podría llegar a reducir notablemente las emisiones de este sector, mediante la implementación de pilas de combustible y motores eléctricos, lo cual ya es una realidad en el transporte público de algunas ciudades. [2].

Si miramos la historia de los combustibles en los últimos 2000 años, el uso se ha movido constantemente en la dirección de un combustible más limpio: madera → carbón → petróleo → propano → hasta el hidrógeno (*figura 7*). Con el tiempo, la molécula del combustible ha llegado a ser más pequeña, más magra en carbón, y más rica en hidrógeno. El movimiento principal pasado estaba al metano, cuya combustión es mucho más limpia que la gasolina. Se espera que el movimiento futuro sea al hidrógeno, que tiene el potencial para solucionar ambos los peligros para el medio ambiente hechos frente por la humanidad [9].

Se han propuesto una variedad de combustibles para ayudar a disminuir la contaminación ambiental y proporcionar la demanda de energía requerida por la humanidad. Estos combustibles incluyen gasolinas reformuladas, etanol, metanol, líquidos sintéticos tal como el dimetil éter extraído del gas natural o del carbón, gas natural comprimido e hidrógeno. De todas estas alternativas el hidrógeno ofrece el más grande potencial para disminuir la contaminación ambiental y los más grandes beneficios para complementar la demanda de energía. Al igual que la energía eléctrica, el hidrógeno podría ser una fuente de energía versátil, ya que se puede producir de una gran variedad de fuentes primarias de energía renovables (energía solar, eólica, hidroeléctrica, biomasa, etc.) y no renovables (petróleo, gas natural y carbón). Si el hidrógeno se obtiene de la descarbonización de algún combustible fósil, el CO_2 que se produce podría ser capturado y almacenado de forma segura para no contaminar [8].

El hidrógeno tiene otros usos varios, los cuales pueden ser divididos en las siguientes categorías:

a) Como reactante en procesos de hidrogenación.
b) Como removedor de trazas de oxígeno para evitar oxidación y corrosión.
c) Como combustible de cohetes.
d) Como refrigerante en generadores eléctricos.

Estos usos del hidrógeno corresponden al 3% del consumo de energía actualmente y se espera que crezca significativamente en los próximos años [10].

2.3.2 Hidrógeno como combustible

Las fuentes de energía renovables han recibido una gran atención por parte de la comunidad internacional en la última década. Estas incluyen la energía solar, eólica, hidroeléctrica, biomasa, etcétera [11].

El hidrógeno es un combustible prometedor, ya que tiene un contenido energético mayor al del petróleo (142 MJ kg^{-1} para H2 versus 42 MJ kg^{-1} para el petróleo), [12].

Es el único combustible con un contenido de energía lo suficientemente alto para las necesidades de la exploración espacial, y su único subproducto es el agua, por lo cual es ambientalmente limpio [13].

El hidrógeno tiene el mayor contenido energético por unidad de masa de todos los combustibles conocidos (142 kJ/g o 61000 BTU/lb) y puede ser transportado para consumo domestico e industrial por métodos convencionales. Su manejo es más seguro que el del gas natural. Es el único combustible libre de carbono, cuya oxidación produce solamente agua y puede ser utilizado directamente en una maquina de combustión, o bien en una celda de combustible [11, 14, 15]. Estas ventajas han generado un interés considerable en los vehículos de celda de combustible de hidrógeno entre los gobiernos y la industria automotriz [16].

Cuando es quemado en un motor de combustión interna (pistón, rotatorio, o gas para turbina), el hidrógeno no produce como emisión virtualmente nada, sino el vapor de agua inofensivo (más, obviamente, las emisiones de cantidades minúsculas de lubricantes del motor que se oxidan en el proceso, y algunos óxidos de nitrógeno).

Cuando el hidrógeno se quema con oxígeno atmosférico en un motor, no se emite el monóxido de carbono o el dióxido de carbono, entre otras emisiones dañinas para el medio ambiente. El hidrógeno tiene un desempeño incluso mejor en las pilas de combustible (motores electroquímicos, combinando el hidrógeno y el oxígeno en un proceso sin llama, generando electricidad, calor y agua destilada pura).

En forma contraria a los motores de combustión interna, las pilas de combustible no producen ningún óxido de nitrógeno. Las pilas de combustible no tienen ninguna pieza móvil. Casi silenciosas, pueden ser tanto como 2.5 veces más eficientes que los motores de combustión interna. En los años 90 se difundieron extensamente y fueron reconocidas públicamente como una tecnología de vanguardia que puede poner en marcha la economía del hidrógeno [1, 17].

Las *tablas 2 y 3*, ilustran las propiedades físicas y de energía del hidrógeno. El contenido energético del hidrógeno triplica al de la gasolina.

Tabla 2. Propiedades físicas del hidrógeno, [18].

Masa molar	2.016 g/mol
Contenido en el aire	0.5 ppmv
Temperatura de ebullición	-252.8°C
Temperatura de solidificación	-259°C
Factor de compresibilidad	1.001 (to 1.013 bar and 21°C)
Masa de hidrógeno líquido por unidad de volumen	70.973 kg/m3 (to 1.013 bar and -252,8°C)
Masa de hidrógeno líquido por unidad de volumen	0.085 kg/m3 (to 1.013 bar and 15°C)
Volumen específico de hidrógeno gas	11.986 m3/kg (to 1.013 bar and 15°C)

Tabla 3. Propiedades energéticas del hidrógeno, comparadas con otros combustibles [18].

Densidad de energía del hidrógeno	120 MJ/kg
Densidad de energía de la gasolina	42.7 MJ/kg
Densidad de energía del metano	50.4 MJ/kg

Se han propuesto una variedad de combustibles para ayudar a disminuir la contaminación ambiental y proporcionar la demanda de energía requerida por la humanidad. Estos combustibles incluyen gasolinas reformuladas, etanol, metanol, líquidos sintéticos tal como el dimetil éter extraído del gas natural o del carbón, gas natural comprimido e hidrógeno. De todas estas alternativas el hidrógeno ofrece el más grande potencial para disminuir la contaminación ambiental y los más grandes beneficios para complementar la demanda de energía [19]. Al igual que la energía eléctrica, el hidrógeno podría ser una fuente de energía versátil, ya que se puede producir de una gran variedad de fuentes primarias de energía renovables (energía solar, eólica, hidroeléctrica, biomasa, etc.) y no renovables (petróleo, gas natural y carbón). Si el hidrógeno se obtiene de la descarbonización de algún combustible fósil, el CO_2 que se produce podría ser capturado y almacenado de forma segura para no contaminar.

El hidrógeno puede ser usado como combustible en un motor de combustión interna con una alta eficiencia de conversión, o transformarse electroquímicamente en una pila de combustible. El uso de pilas de combustible en un ciclo cerrado con el aprovechamiento de una energía renovable es la base del término denominado "Economía del Hidrógeno".

El término "Economía del hidrógeno" se maneja con el fin de describir un panorama diferente, donde los problemas de contaminación sean resueltos y nuestras necesidades energéticas sean cubiertas en forma permanente y segura, sin dañar el medio ambiente. La transición hacia una economía del hidrógeno puede poner fin a la dependencia del petróleo. Es importante independizar al mundo de la economía energética de los combustibles fósiles para limitar las emisiones de CO_2 y mitigar así los efectos del calentamiento global sobre la ya castigada biosfera de la tierra. La creación de redes energéticas descentralizadas de hidrógeno entre usuarios finales hará posible el establecimiento de asentamientos humanos más dispersos y más sostenibles en relación con los recursos medioambientales y regionales existentes.

2.3.3 Aplicaciones actuales del hidrógeno como combustible

Los vehículos de celda de combustible (FCV) han emergido recientemente como una alternativa de cero emisiones a los vehículos de batería eléctrica (EV). Tal como los vehículos EV, los vehículos FCV no producen emisiones contaminantes, y también tienen el potencial de ser considerados cero emisiones en un ciclo completo de combustible, cuando este sistema se acopla a un sistema de fuentes de energía renovables. Sin embargo, en contraste con el auto eléctrico de batería, el vehículo FCV puede ser llenado con hidrógeno a velocidades comparables a la de la gasolina [16].

En Estados Unidos, el estado de California ha sido líder en la implementación de programas de vehículos con celda de combustible de hidrógeno. Muchos manufacturadores de automóviles han hecho convenios con empresas públicas para el empleo de flotillas de autos FCV, como parte del proceso de implementación de esta tecnología. La agencia de autobuses AC Transit, la cual opera en la región de la bahía este y Oakland, ha utilizado unidades desplazadas con hidrógeno en rutas selectas por varios años [16]. Flotillas de autobuses están siendo ya utilizados en ciudades europeas.

Algunas compañías, como Honda, DaimlerChrysler, Ford Motor Company, General Motors Corporation/Opel, Hyundai Motor Company, Kia Motors Corporation, la alianza Renault SA y Nissan Motor Corporation y Toyota Motor Corporation están desarrollando proyectos relacionados con los vehículos de hidrógeno. Algunas de ellas incluso han apostado estratégicamente por un futuro energético basado en las tecnologías de hidrógeno, una corriente que ha dado lugar al concepto de Sociedad del Hidrógeno, que a menudo se intercambia con el de economía del hidrógeno.

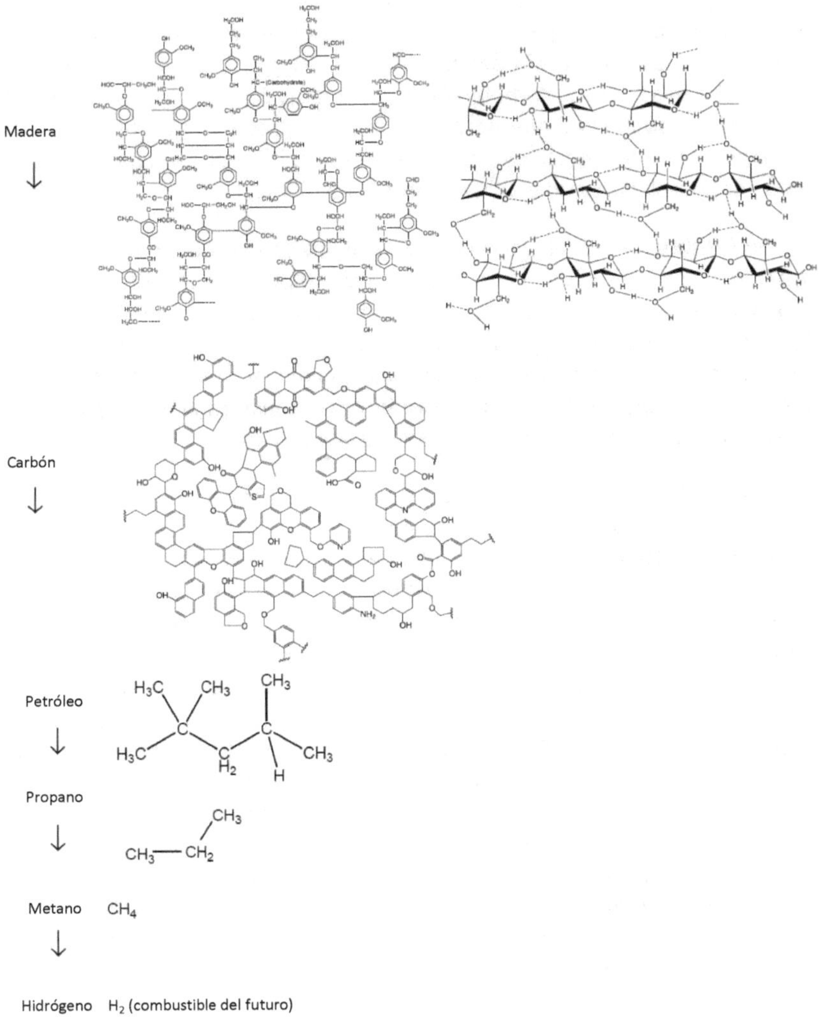

Figura 7. Evolución del uso de combustibles, de acuerdo a su estructura molecular. Con el paso del tiempo, la molécula de combustible ha perdido contenido de carbono, y se ha enriquecido de hidrógeno [9].

Por ejemplo, el fabricante de automóviles japonés Honda, la única firma que ha obtenido la homologación para comercializar su vehículo impulsado por pila de combustible de hidrógeno, el FCX Clarity [20], en Japón y Estados Unidos, ha desarrollado también la Home Energy Station, (HES), un sistema autónomo y doméstico que permite obtener hidrógeno a partir de energía solar para repostar vehículos de pila de combustible y aprovechar el proceso para generar electricidad y agua caliente para el hogar.

En noviembre del 2009 Honda era la única firma que ha obtenido la homologación para comercializar su vehículo impulsado por este sistema en Japón y Estados Unidos. El FCX Clarity empezó a comercializarse en Estados Unidos en julio de 2008 y en Japón en noviembre del mismo año. Hoy día muchas otras manufacturadoras se han sumado al desarrollo de motores que incluyen una celda de combustible para transformar el hidrógeno en energía eléctrica para el movimiento de sus vehículos.

En el discurso estratégico de Honda, el reto de desarrollar el FCX Clarity se ha convertido en un símbolo del futuro por el que la compañía ha apostado: la Economía del Hidrógeno. La compañía ha reiterado en numerosas ocasiones que considera la pila de combustible como la tecnología del futuro inmediato, que sustituirá los sistemas híbridos que actualmente produce. Al generar la energía que lo impulsa a partir de una pila de combustible de hidrógeno, lo único que emite el FCX Clarity (*figura 8*) al ambiente es vapor de agua. En septiembre de 2009, diferentes compañías (Honda, Daimler AG, Ford Motor Company, General Motors Corporation/Opel, Hyundai Motor Company, Kia Motors Corporation, la alianza Renault SA y Nissan Motor Corporation y Toyota Motor Corporation), firmaron un acuerdo para homogeneizar el desarrollo y la introducción al mercado de vehículos eléctricos impulsados con pila de combustible, lo que se consideró un gran paso hacia la producción en serie de vehículos de emisión cero. En el acuerdo, las compañías anticipaban que a partir del año 2015 una cantidad significativa de vehículos eléctricos con pila de combustible podrían ser comercializados

El Honda FCX Clarity tiene unas prestaciones prácticamente comparables a las de los vehículos convencionales. Mediante la utilización de la pila Honda

V Flow, en combinación con una batería de iones de litio y un depósito de hidrógeno, que impulsa el motor eléctrico del vehículo, puede alcanzar los 160 km/h y tiene una autonomía de 460 kilómetros. La electricidad que carga la batería e impulsa el vehículo proviene de la reacción química que se produce en la pila de combustible entre el combustible, hidrógeno, y el oxígeno de la atmósfera, cuyo resultado es únicamente vapor de agua. Los excedentes de energía procedente de la pila y de la energía cinética, que se obtiene del frenado y de la desaceleración, se almacena en la batería, y se utiliza para complementar la potencia de la pila de combustible cuando es necesario [20].

Figura 8. Automóvil Honda FCX Clarity, desplazado por un motor eléctrico que recibe energía de una celda de combustible de hidrógeno. Actualmente se ofrece en renta al publico por $600 USD al mes [20].

El Honda FCX Clarity representa una importante mejora en eficiencia energética, ya que aprovecha el 60% de la energía generada a partir del combustible, frente al 30% de los híbridos y el 19% de los vehículos de gasolina. El FCX Clarity ofrece una mejora del 20% en economía de combustible (2-3 veces el consumo de combustible de un vehículo de gasolina, y una 1,5 veces el de un vehículo híbrido de tamaño y rendimiento similar). Además, con este vehículo Honda ha superado retos tan complejos como conseguir que el sistema de pila de combustible de hidrógeno funcione a temperaturas por debajo de los –30ºC [20].

Desde hace más de 30 años, Honda ha estado trabajando para reducir el impacto medioambiental de los automóviles. Los logros de Honda en este campo incluyen la primera certificación para un vehículo de pila de combustible de la Environmental Protection Agency (EPA) en 2003 [2] y de la California Air Resources Board (CARB) en Estados Unidos (2002); el primer leasing de un vehículo de pila de combustible (2002); y el primer y único en ser entregado a un cliente particular (2005, 2007).

En otras aplicaciones, existen proyectos vigentes para realizar vuelos en aviones movidos con hidrógeno [21]. El avión X-43 de la NASA es uno de ellos, aunque se espera que en el futuro el uso de este combustible se extienda a aviones de carga, y posteriormente a aviones de pasajeros. El ejército de los Estados Unidos ya tiene prototipos de vehículos movidos con hidrógeno, los cuales tienen el beneficio añadido de que no dejan huella de calor, como los vehículos de combustión.

Finalmente, hoy día el hidrógeno continúa siendo un combustible muy importante en la exploración aeroespacial. Cabe recordar que desde la infancia del programa aeroespacial de los E.U., el hidrógeno comenzó a ser utilizado por su baja densidad y su alto poder energético. No solamente es utilizado en la propulsión, sino también para proveer energía a los sistemas en el interior de los vehículos, a través de celdas de combustible. El agua con alto grado de pureza, proveniente de la operación de las celdas de combustible es utilizada para consumo de los astronautas. Cuando el hidrógeno es usado también como refrigerante.

Las tablas 4, 5, 6 y 7 muestran las características de una celda de combustible de hidrógeno, así como de un automóvil desplazado con este tipo de dispositivo.

Tabla 4. Características de una celda de combustible para generar electricidad a partir de hidrógeno [18].

Voltaje en terminales	0.6 volt
Amperaje	0.6 a 0.8 Amperes por cm2

Tabla 5. El hidrógeno y el automóvil con celda de combustible. Características de un auto impulsado con hidrógeno [18].

Consumo	~ 1 kg H2 /100 km
Autonomía	500 km
Tanque de 5 kg de H2	125 l H2 gas a 700 bar, 75 l H2 liq. a -253°C
Estación de servicio	1 kg H2 /min., completamente lleno en 5 minutos
Emisiones de un automóvil movido por H2.	0 g CO2/km y 90 g H2O/km
Emisiones de un automóvil movido por gasolina (7 l/100 km)	160 g CO2/km y 75 g H2O/km

Tabla 6. Calculos "Wheel to Wheel". Los cálculos "wheel to wheel" toman en consideración las cantidades de dióxido de carbono emitidas durante la producción del combustible (hidrógeno o gasolina), y durante su uso en el vehículo. En este caso, el hidrógeno es producido por la reforma del metano, y distribuido en tuberías [18].

Emisión "Well-to-wheel" de un auto desplazado por H2	90+0 = 90 g CO2/km
Emisión "Well-to-wheel" de un auto desplazado por gasolina (7l/100 km)	30 + 160 = 190 g CO2/km
Rendimiento de producción del hidrógeno	58%
Rendimiento de producción de la gasolina	88%
Desempeño de un motor de combustión interna desplazado por gasolina	19%
Desempeño de un motor eléctrico desplazado por celda de combustible	50%
Eficiencia energética de un auto movido por gasolina	88 x 19 = 17%
Eficiencia energética de un auto movido por hidrógeno	58 x 50 = 29%

Tabla 7. Metas de la tecnología de celdas de combustible operadas con hidrógeno [18].

Cost of the fuel cell	$30/kW (or €2,200 for 100 HP)
Life span	5000 hr. (250,000 km for an average speed of 50 km/h)
Cost(2) of hydrogen	€3 to €5 (excluding tax)/kg, or €3 to €5 for 100 km
Cost of gasoline	€3.5 (excluding tax) to drive 100 km (7l/100 km, €1.5/l, 66% taxes)

2.3.4 Producción de Hidrógeno

2.3.4.1 Métodos clásicos

Son tres los pasos utilizados de forma genérica, cuando se habla de obtención de hidrógeno por gasificación de combustibles:

1) Gasificación de la biomasa. Durante este proceso se obtiene una mezcla gaseosa con anhídrido carbonoso e hidrógeno, más impurezas.

2) Reacción del anhídrido carbonoso con agua, para generar tanto hidrógeno como anhídrido carbónico.

3) Separación del anhídrido carbónico y el hidrógeno. reacciones principales se describen a continuación:

- A partir de gas natural y fracciones ligeras de petróleo:

$$CH_4 + H_2O \rightleftarrows CO + 3H_2$$

$$CO + H_2O \rightleftarrows CO_2 + H_2$$

$$CH_4 + CO_2 \rightleftarrows 2CO + 2H_2$$

- A partir de fracciones de petróleo pesadas y carbón:

$$C_nH_m + \frac{2n+m}{4}O_2 \rightarrow nCO + \frac{m}{2}H_2O \qquad C_nH_m + nH_2O \rightarrow nCO + \frac{2n+m}{2}H_2$$

$$C + O_2 \rightleftarrows CO_2 \qquad C + {}^{1}/_{2}O_2 \rightarrow CO \qquad C + CO_2 \rightleftarrows 2CO$$

$$C + H_2O \rightleftarrows CO + H_2 \qquad C + 2H_2 \rightarrow CH_4 \qquad CO + H_2O \rightleftarrows CO_2 + H_2$$

Los métodos de separación del hidrógeno de la mezcla gaseosa dependen del grado de pureza requerido. Algunas aplicaciones, tales como las celdas de combustible de automóviles requieren una pureza alta, debido a que las impurezas modifican severamente el rendimiento de obtención de energía.

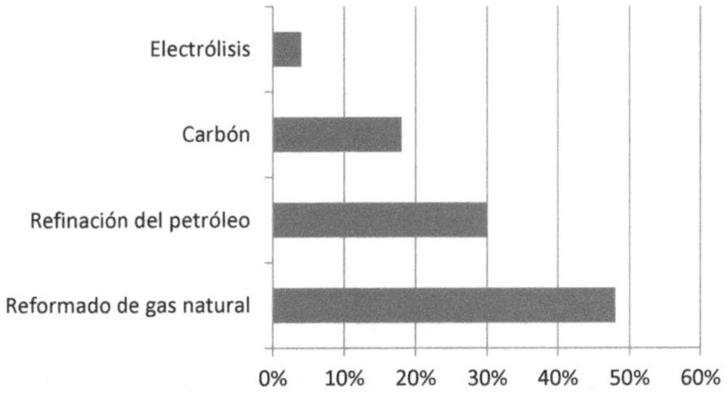

Figura 9. Procedencia del hidrógeno utilizado en la actualidad [112].

En la actualidad, las industrias usan aproximadamente 7.2 exajoules de hidrógeno cada año. Cerca del 48% es producido por gas natural mediante el sistema de reforma con vapor (figura 9), 30% proviene del proceso de refinación del petróleo, un 18% proviene del carbón, y el resto (4%) del proceso de electrólisis del agua. El problema resulta en la gran generación de anhídrido carbónico por año, de aproximadamente 500 millones de toneladas (112).

En la *Figura 10* se muestra un diagrama de bloques donde se resumen las etapas habituales del proceso global de purificación. En la última de ellas se recogen las dos operaciones habituales, metanación y PSA (pressure swing adsorption), aunque recientemente se ha desarrollado la oxidación selectiva de CO.

Un proceso alternativo que actualmente supone el 4% de la producción mundial de hidrógeno es mediante electrolisis del agua. No obstante, se prevé un aumento importante de esta vía, ya que actualmente se pretende que el hidrógeno sustituya a los combustibles fósiles como fuente de energía. Por tanto, es lógico intentar desligar completamente el hidrógeno de dicho tipo de materias primas. Un factor a considerar son los recientes desarrollos de aplicar energías baratas a la electrolisis del agua, como la fotovoltaica [11].

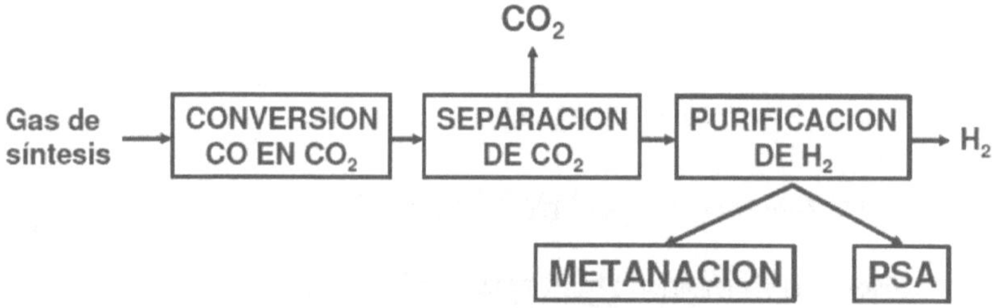

Figura 10. Etapas habituales del proceso de obtención y purificación de hidrógeno [8].

Los equipos utilizados más habituales son los electrolizadores alcalinos, que emplean como electrolito una disolución alcalina, típicamente disoluciones de hidróxido potásico. Las reacciones que tienen lugar en estos sistemas son las siguientes:

Cátodo $2H_2O \rightarrow H_2 + 2OH^- - 2e^-$

Anodo $2OH^- \rightarrow \frac{1}{2}O_2 + H_2O + 2e^-$

Célula $H_2O \rightarrow H_2 + \frac{1}{2}O_2$

Un método de interés, relacionado con la electrolisis, consiste en la llamada producción foto-electroquímica. Es decir, el uso de la energía del sol para crear el voltaje necesario para la separación molecular del agua. [2].

2.3.4.2 Gasificación de biomasa

La gasificación de la biomasa es un proceso complejo que involucra muchas reacciones químicas, así como procesos de transferencia de masa, calor y cambios grandes de presión de trabajo. Con esta tecnología es posible convertir biomasa solida o liquida en un combustible gaseoso, o bien en un material que a través de un proceso químico puede ser oxidado para la liberación de energía; o bien simplemente como un reactivo químico.

La gasificación requiere de un agente gasificador, típicamente aire, oxígeno o vapor; con la finalidad de convertir dicha biomasa en una mezcla con una relación de hidrógeno a carbono máxima.

Dependiendo del medio gasificador utilizado, los estos equipos se clasifican en gasificadores de oxígeno, gasificadores de vapor, o gasificadores de aire. El proceso de gasificación se lleva a cabo en cuatro pasos principales: secado, pirolisis, oxidación y reducción. En un gasificador común, el secado ocurre a una temperatura menor a 150°C, la pirolisis en un rango de 150 a 700°C, la oxidación de 700 a 1500°C y la reducción en el rango de 800 a 1100°C. Como puede verse, es un proceso energéticamente demandante. Aun así, las proyecciones para el año 2020 del costo del hidrógeno pronostican que esta tecnología no será tan cara como el que se genera a partir de energía nuclear y energías renovables (*Tabla 8*).

Tabla 8. Comparación de costos de producción de hidrógeno, proyectados para el año 2020 (euros por gigajoule) [2].

Fuente de producción de hidrogeno	Proyección de costo
Gas natural con captura de CO_2	6-9
Carbón con captura de CO_2	6.5-9
Gasificación de biomasa	8-15
Energía nuclear	12-16
Energía eólica	14-19
Termosolar	22-28
Fotovoltaica solar	38-61

2.3.4.3 Producción de hidrógeno con energía solar

Existen en muchos países áreas extensas que no tienen una conexión a redes eléctricas, las cuales típicamente son operadas mediante combustibles fósiles. Fuentes de energía renovables, especialmente energía solar y eólica están presentándose como alternativas viables en estas zonas, aunque el reto es mantener sistemas a largo plazo que provean la electricidad necesaria en dichas áreas, durante todos los días del año.

2.3.4.4 Vías principales de producción de hidrógeno con energía solar

La energía del sol puede ser utilizada para generar una reacción electroquímica, para generar el calor necesario para el movimiento de una turbina; o bien, para generar electricidad directamente en una celda fotovoltaica.

En la *figura 11* se pueden observar distintas rutas de obtención de energía solar [113].

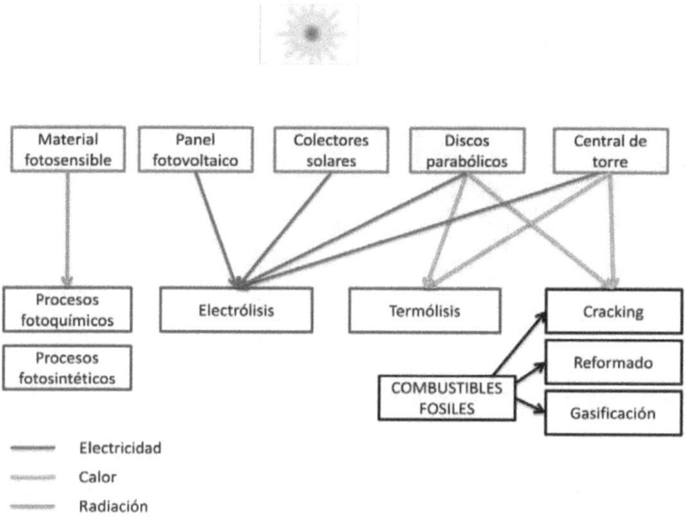

Figura 11. Rutas principales de obtención de hidrógeno solar [113].

2.3.4.5 Descarbonización solar de combustibles fósiles

Se espera que para el año 2020 la energía solar pueda tener un mayor impacto en la producción de hidrógeno, para que una vez que las tecnologías relacionadas con la transformación termoquímica, y las propias tecnologías solares de obtención de electricidad permitan eliminar la generación de emisiones contaminantes derivadas del quemado de combustibles fósiles que no involucren procesos de captura de tales emisiones (*figura 12*).

En la *figura 13* se observa cuan demandantes son los procesos de decarbonización de combustibles fósiles, energéticamente hablando. Tecnologías que involucran el uso de catalizadores metálicos están aun en desarrollo, y se espera que puedan mejorar la eficiencia energética de los procesos de obtención de hidrógeno por esta vía.

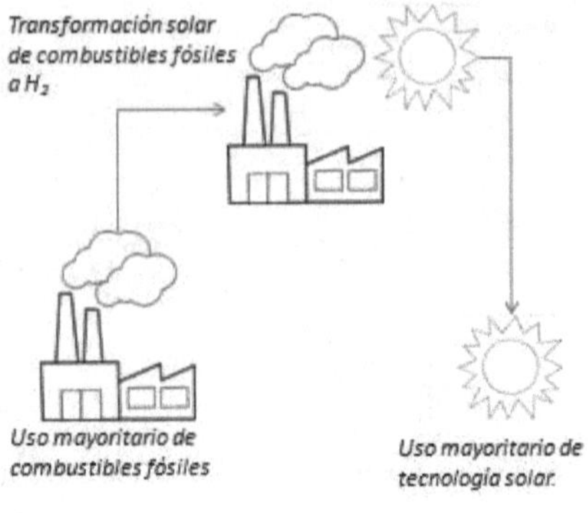

Figura 12. Expectativa de la decarbonización solar de combustibles fósiles [2].

Un obstáculo que presenta la separación de la molécula de agua, es que se necesita seis veces más energía para romper los enlaces covalentes polares O-H y liberar el hidrógeno, con respecto en el caso de un hidrocarburo (C-H) como el gas natural. La relación energética en ambos casos es de 6 a 1.

Sin embargo, dado que la disponibilidad de la luz solar es hasta el momento ilimitada, es posible utilizar equipos concentradores de radiación solar dirigidos al mantenimiento de procesos con temperaturas altas.

Para poder obtener relaciones de concentración solar grandes, se emplean configuraciones ópticas de discos parabólicos y sistemas de torre [113].

Proceso		Reacción endotérmica	T(K)
Descarbonización de combustibles fósiles	*Cracking*	Descomposición térmica de hidrocarburos $C_xH_y \rightarrow xC(gr) + \frac{y}{2} \cdot H_2$	T≈1000
	Reformado	Descarbonización de hidrocarburos ligeros $C_xH_y + xH_2O \rightarrow \left(\frac{y}{2} + x\right) \cdot H_2 + xCO$	T≈1100
	Gasificación	Descarbonización de hidrocarburos pesados $C_xH_y + xH_2O \rightarrow \left(\frac{y}{2} + x\right) \cdot H_2 + xCO$	T≈1100
Termólisis directa del agua		Disociación del agua $H_2O \rightarrow H_2 + \frac{1}{2}O_2$	T>2500

Figura 13. Rutas de producción de H_2: Temperaturas de proceso [113].

2.3.4.6 Hidrógeno solar y rutas termoquímicas

La separación directa de la molécula de agua con tecnología solar (termólisis directa), utiliza la radiación solar concentrada como fuente calorífica de alta temperatura para llevar a cabo esta reacción endotérmica.

El uso de óxidos metálicos (*figura 14*), en los llamados ciclos de 'splitting' es otra tecnología que requiere de altas temperaturas. Por ejemplo, el ciclo que utiliza oxidos de hierro emplea dos reacciones químicas, cuyo reactante neto es agua, y cuyos productos son hidrógeno y oxígeno. El resto de los productos químicos son reciclados, y este proceso requiere de una fuente eficiente de calor.

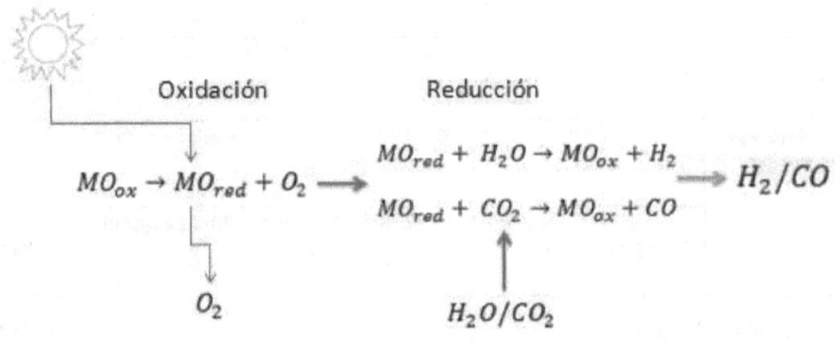

Figura 14. Disociación del agua con óxidos metálicos [114].

2.3.4.7 Energía eólica e hidrógeno

La energía eólica es una fuente energética gratuita y libre de carbono, pero tiene ciertos niveles de fluctuación. Tales fluctuaciones pueden ser eliminadas mediante la generación de hidrógeno, utilizándolo como almacenamiento de energía; el cual puede ser usado para generar electricidad cuando la velocidad del viento no alcanza los mínimos necesarios.

La mayoría de los estudios de conversión de energía eólica a hidrógeno utilizan el modelo hibrido de optimización para electricidad renovable (HOMER). Este sistema puede modelar sistemas conectados y no conectados a la red eléctrica, además de ofrecer resultados técnicos, económicos y ambientales [115].

La eficiencia de estos sistemas está entre el 75 y el 90%, dependiendo del electrolizador utilizado. Existen electrolizadores alcalinos, los cuales son los más utilizados. También hay electrolizadores de membrana, intercambio protónico y óxidos sólidos [2].

Los electrolizadores alcalinos emplean una solución de hidróxido de potasio como medio de transferencia de los iones H^{+1} y $(OH)^{-1}$. Poseen además una barrera que impide el contacto entre el oxígeno y el hidrógeno gaseosos generados en cada electrodo.

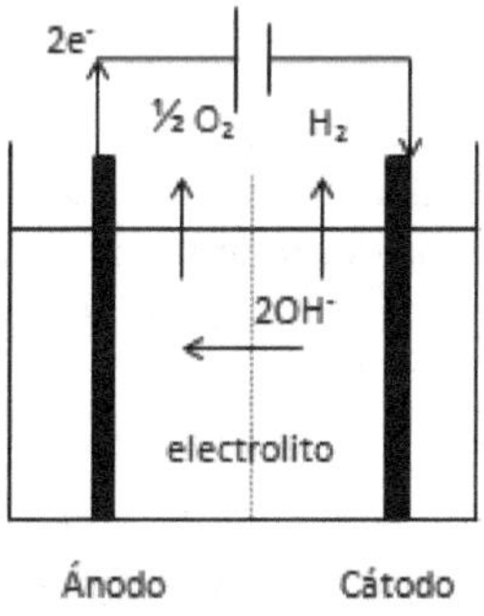

Figura 15. Electrolizador alcalino [116].

Se ha encontrado que las zonas geográficas cuya velocidad del viento se encuentra en el rango de 7 a 9 m/s a una altura entre 80-100 metros, son elegibles para la producción de hidrógeno renovable; el cual podría ser generado a un costo de 5 a 7 dólares por kilogramo, utilizando turbinas V112 con un costo de 26 a 40 dólares por megawatt-hora. El costo del kilogramo de hidrógeno se incrementa cuando se usan turbinas como la V82, con un mayor costo asociado en cuanto a la producción de megawatts-hora [115-116].

El costo del kilogramo de hidrógeno obtenido con esta tecnología también depende del electrolizador, y desde luego, a la variación en la velocidad del aire. También es posible reducir los costos de operación mediante el uso de un electrolizador de membrana polimérica, aunque la inversión inicial es mayor.

Por otro lado, los precios asociados con las centrales de turbinas eólicas decrecieron en un 25% desde el año 2007 hasta el 2013 [117]. Se espera que dicha tendencia ayude a disminuir el precio del kilogramo de hidrógeno, de forma que puedan existir centrales eólicas que permitan obtener energía eléctrica directamente conectada a la red de suministro, pero que al mismo tiempo pueda utilizar el excedente en la generación de hidrógeno. Este vector energético podría ser transformado a electricidad en la misma central, o bien ser transportado a centrales de generación eléctrica regionales.

El costo de la electricidad es el factor más importante para definir el costo de producción de hidrógeno, considerando no solo el costo de producción de la electricidad sino también lo que se deja de ingresar por no emplear el excedente [2].

La evolución de la tecnología eólica ha permitido utilizar rotores más grandes, colocados a alturas mayores [117]. La reducción del costo de la energía eléctrica ha sido mayor cuanto menor es la velocidad del viento disponible (*figura 16*).

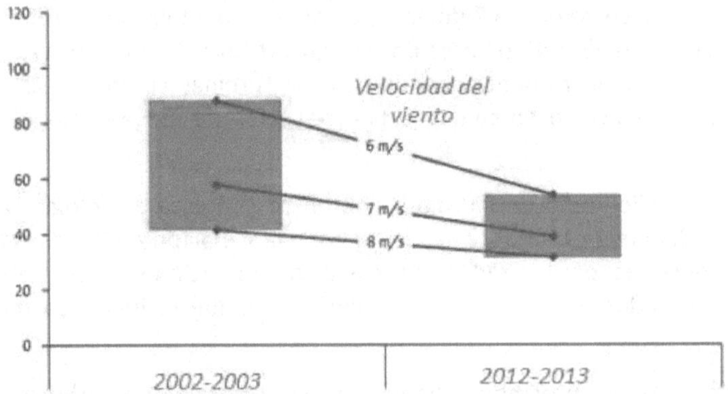

Figura 16. Comparación de costos de energía eléctrica(USD por megawatt-hora), obtenida con turbinas eólicas en tierra, con tecnología estándar (2002-2003) y tecnología actual (2012-2013). El cambio más grande corresponde a las turbinas operadas con baja velocidad de viento. El cambio se debe principalmente al uso de rotores de diámetro mayor [117].

La energía eólica podría llegar a convertirse, a corto o medio plazo, en la energía renovable predominante en la producción de hidrógeno ambientalmente amigable. La *tabla 9* muestra cómo ha cambiado el tamaño de las turbinas, así como la potencia que ofrecen. No solamente se ha incrementado el diámetro de las turbinas, sino también la altura a la que operan. El factor de altura resulta importante porque la velocidad del viento cambia respecto a este parámetro.

Tabla 9. Evolución del tamaño del rotor y la potencia de los aerogeneradores. Se espera que puedan llegar a fabricarse turbinas de hasta 250 metros de diámetro con una capacidad de 20000 kW [117].

Año	Diámetro (m)	Altura (m)	Potencia (kW)
1980-90	*17*	*20*	*75*
1990-95	*30*	*30*	*300*
1995-2000	*50*	*50*	*750*
2000-2005	*70*	*60*	*1500*
2005-2010	*80*	*80*	*1800*
2010-2015	*100*	*100*	*3000*
2015-2020	*125*	*120*	*5000*
Proyección 1	*150*	*140*	*10000*
Proyección 2	*250*	*160*	*20000*

2.3.4.8 Gasificación por plasma (PCS)

El proceso de gasificación por plasma es básicamente un proceso que convierte materia orgánica en gas sintético (syngas, compuesto por H_2, CO y CO_2), así como electricidad y residuos de óxidos metálicos y dióxido de silicio. Una antorcha o arco de plasma se aplica a la materia orgánica, mediante la ionización de un gas. Las altas temperaturas generadas por la inducción del plasma permiten la disociación molecular.

Basándose en esta idea Startech Environmental Corporation ha desarrollado el Sistema de Convertidor de Plasma para el tratamiento de residuos [2].

El gas sintético es obtenido a una temperatura de cerca de 1500°C, por lo que es necesario su transporte a través de un intercambiador de calor, y luego a través de un proceso de filtrado de sólidos (generalmente metálicos). Finalmente la mezcla gaseosa pasa por un proceso de absorción en donde se eliminan halógenos como el flúor y el cloro, para obtener un gas limpio.

2.3.4.8.1 Cámara del sistema convertidor de plasma

En este tipo de sistemas no hay combustión u oxidación, sino pirolisis. Debido a esto, las cámaras de pirolisis pueden operar en reactores cerrados sin entrada de aire.

La cámara de plasma es un crisol cerrado que trabaja a presión atmosférica y totalmente en continuo. Puede ser tratado casi cualquier tipo de desperdicio, incluyendo residuos de tratamiento difícil tales como residuos médicos y residuos con contaminación química. Debido a que este proceso separa los residuos en sus componentes elementales, se puede entonces disponer de los residuos del proceso de arco de forma segura. Este sistema asegura la destrucción total e irreversible de cualquier tipo de desperdicio que se tenga en la cámara.

Aun cuando la inversión energética es grande, el balance energético es positivo cuando se utiliza el gas de síntesis para generar electricidad, aunque no suficiente para obtener ganancias sustanciales [2].

Los gasificadores con plasma pueden alcanzar temperaturas de 2000 a 30000 °C. Hay sistemas en desarrollo que tienen un gasificador y un proceso de plasma ensamblados en serie. La figura 17 muestra un sistema en donde el sistema de arco se encuentra después de un sistema de pregasificación con combustión. La cantidad de residuos que llegan a la cámara de plasma es menor, de forma que la energía empleada para elevar la temperatura es menor, y la eficiencia energética se incrementa [118].

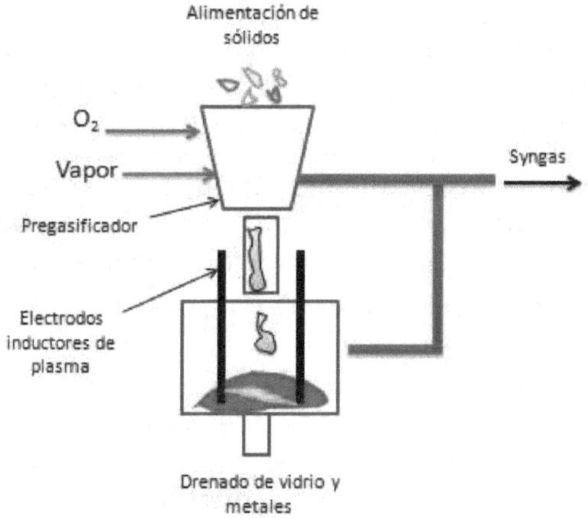

Figura 17. Esquema de gasificación de equipos electrónicos fuera de uso [118].

2.3.4.9 Hidrógeno a partir de bioetanol

Las reacciones de reforma de etanol pueden llevarse a cabo con agua, oxígeno o ambos. La presencia de uno o ambos determinara la composición de los gases de salida. La reacción con vapor de agua es endotérmica, la oxidación es exotérmica; mientras que la reacción con vapor de agua y oxígeno es autotérmica [2].

En años recientes, el reformado con vapor (SR), oxidación parcial (POX) y el reformado oxidativo con vapor se han constituido como los procesos más importantes para la producción de hidrógeno a partir de etanol. El etanol SR es el que ha sido estudiado de forma más extensa, debido a que ofrece el mayor rendimiento de hidrógeno [119].

$$CH_3CH_2OH + 3H_2O \rightarrow 6H_2 + 2CO_2 \qquad CO + H_2O \rightarrow H_2 + CO_2$$

Este proceso es una combinación de conversión de etanol SR a gas sintético, seguido por la reacción con agua (wáter-gas shift). El análisis termodinámico de estas reacciones indica que el rendimiento de hidrógeno en el equilibrio puede llegar hasta 70% mol, para la reforma de etanol SR a 700°C, con una estequiometria de alimentación etanol/agua de 1/3 [119]. Sin embargo este proceso es altamente endotérmico, lo cual incrementa los costos de operación, especialmente desfavorable en aplicaciones móviles.

El proceso POX es exotérmico y más rápido, dándole flexibilidad frente a variaciones en la carga, y en operaciones móviles. El proceso oxidativo requiere una menor temperatura, aunque los rendimientos son menores.

$$CH_3CH_2OH + 1.5O_2 \rightarrow 3H_2 + 2CO_2$$

El etanol OSR es el resultado de una integración de los procesos SR y POX. El oxígeno de la alimentación puede proveer el calor necesario para la reacción endotérmica SR. Con una estequiometria de alimentación etanol/agua/oxígeno de 1/1.8/1.6; la reacción es termodinámicamente neutra, mientras que la concentración de hidrógeno se aproxima al 70% mol.

Una parte muy importante de este proceso lo constituyen las superficies catalíticas, en donde se llevan a cabo las reacciones. Los requerimientos generales para las superficies catalíticas son: (i) romper el enlace C–C para generar CO_x (CO y/o CO_2) y CH_4, en lugar de promover la activación del enlace C–O; (ii) reformar estos productos intermedios (CO, CH_4) para generar H_2 y CO_2; (iii) activar la mezcla agua/oxígeno para producir oxígeno altamente móvil y para inhibir la formación de residuo de carbón. Estas superficies catalíticas involucran la presencia de metales activos [119].

Recientemente han sido propuestos mecanismos que gobiernan las rutas de transformación del etanol en hidrógeno sobre la superficie catalítica. Hasta el momento no existe un consenso en los detalles de las rutas de reacción, debido a la complejidad introducida por la gran variedad de elementos que constituyen los catalizadores, así como las diversas condiciones de reacción. Los pasos generalmente aceptados son mostrados en la *figura 18*. Estos pasos incluyen principalmente la dehidrogenación del etanol para producir acetaldehído, y la descomposición de etanol a CH_4, CO y H_2.

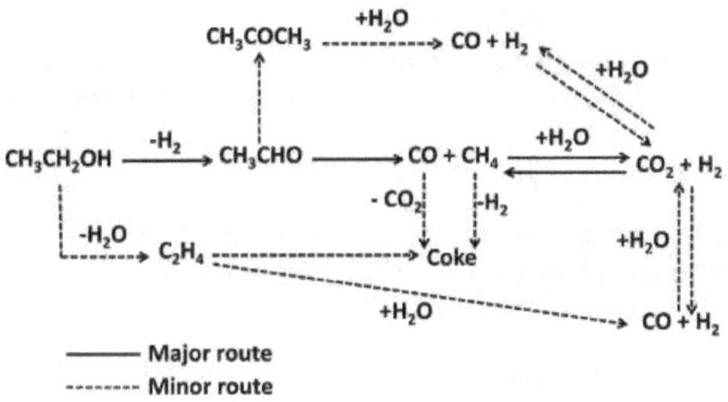

Figura 18. Red de reacciones propuestas para la reforma de etanol [119].

2.3.5 Hidrógeno Biológico

Diversas tecnologías para la conversión de combustibles primarios y secundarios en hidrógeno, están siendo investigadas extensamente. Entre ellas se encuentran la electrolisis, gasificación de carbón, reforma del gas natural, oxidación parcial de aceite combustible, craqueado térmico solar, gasificación de biomasa y síntesis fotobiológica. La producción biológica de hidrógeno se distingue por ser un proceso libre de impacto ecológico, en el cual se utilizan fuentes renovables y condiciones de operación ambientalmente amigables [22, 19].

El hidrógeno es una opción atractiva como combustible alternativo a los convencionales porque no genera contaminantes. Sin embargo, la manera más productiva de obtener hidrógeno en nuestros días involucra procesos que demandan altas cantidades de energía, la cual se obtiene de la combustión de sustancias fósiles, por lo que finalmente no es conveniente a gran escala. Surge así la necesidad de estudiar procesos medioambientalmente limpios y basados en recursos renovables para la producción de hidrógeno [19].

La naturaleza presenta importantes ejemplos para ello y ha sido necesario comenzar investigaciones que permitan comprender, utilizar y escalar estos sistemas biológicos. El hidrógeno obtenido a partir de procesos biológicos se denota como biohidrógeno y comprende dos orígenes distintos: los que suceden en células vivas y los que utilizan sustancias biológicas extraídas de organismos. En el primer caso es común encontrar organismos unicelulares, como bacterias o microalgas.

La producción de biogás energético es el resultado de un fenómeno microbiológico de descomposición de materias orgánicas por vía anaeróbica [23].

La producción biológica de hidrógeno (biohidrógeno), utilizando microorganismos es una nueva área de la tecnología que ofrece el potencial de producción de hidrógeno partiendo de diversas fuentes renovables [24].

Por otro lado, pueden utilizar diversos productos de desecho, lo cual facilita el reciclado de los mismos [10, 11, 14, 15].

Estos sistemas, además, pueden utilizar la luz solar como fuente de energía primaria. Las eficiencias de conversión menores, respecto a la de las celdas solares, puede ser compensada por sus requerimientos de energía más bajos, así como por su menor inversión inicial [25].

Todos los procesos de producción biológica de hidrógeno dependen fundamentalmente en la presencia de una enzima que lo produzca. Las enzimas que producen hidrógeno catalizan una de las reacciones químicas más simples: $2H^+ + 2e^- \leftrightarrow H_2$.

Dos tipos de enzimas pueden catalizar la reducción de protones a H_2, nitrogenasa e hidrogenasa. A pesar de los esfuerzos en dilucidar la estructura, regulación y expresión genética de estas enzimas, no existe un proceso práctico y económicamente competitivo para la producción continua de biohidrógeno, que haya sido puesto en el mercado.

Una de las razones principales es que la salida de H_2 representa una pérdida energética para la célula, mientras que las rutas metabólicas microbianas han evolucionado para la racionalización del uso de energía y la optimización de la velocidad de crecimiento [26].

Sin embargo, Levin y colaboradores [24], encontraron que teóricamente los sistemas acoplados de producción de hidrógeno con celdas de combustible, pueden proveer la energía necesaria para cumplir con los requerimientos energéticos de una casa habitación en Canadá. Los volúmenes de reactores varían desde los 500 l hasta los 17,000 l, dependiendo del sistema biológico utilizado y sus condiciones de operación.

Las celdas de combustible son dispositivos electroquímicos capaces de crear un flujo de electrones usando iones cargados. Una gran variedad de sistemas de celdas de combustible han sido desarrollados, los cuales difieren en el tipo de electrolito usado, condiciones de operación, rango de densidad de potencia, etc.

Una multitud de microorganismos han desarrollado la habilidad para derivar energía a partir del hidrógeno. Sin embargo, existen circunstancias bajo las cuales los microorganismos no tienen otra opción para ganar energía, que la de liberar hidrógeno al ambiente. El estudio de este fenómeno comenzó a principios del siglo pasado, pero el biohidrógeno (hidrógeno producido biológicamente), permaneció como curiosidad académica antes de la crisis de combustible de la década de 1980. Una mayor preocupación por los asuntos energéticos en la opinión pública y en las agendas políticas, así como nuevos descubrimientos científicos han contribuido al desarrollo de la tecnología del biohidrógeno [13].

El uso de métodos biológicos para la producción de hidrógeno deben reducir significativamente los costos de la energía, ya que estos procesos no requieren de calentamiento extenso (o electricidad, como en las plantas de electrolisis, [12, 27].

Hoy en día, los procesos de producción de H_2 han adquirido una mayor importancia principalmente por dos razones: (1) pueden utilizar fuentes de energía renovables y (2) son operados usualmente a temperatura ambiente y presión atmosférica. Sin embargo, las velocidades reportadas de producción de biohidrógeno, la estabilidad de los sistemas y la eficiencia de estos procesos aun no son suficientes para hacerlos comercialmente viables.

Por otro lado, pueden utilizar diversos productos de desecho, lo cual facilita el reciclado de los mismos [10].

2.3.5.1 Bacterias Productoras de Hidrógeno

La capacidad para la producción de biohidrógeno está asociada con la actividad de las enzimas hidrogenasa y nitrogenasa, pero son pocas las clases que pueden llevar a cabo la producción de este biogás. Entre ellas están las bacterias fermentativas y las bacterias fotosintéticas. La forma en la cual producen hidrógeno se muestra en la *figura 19*. Los mecanismos de la producción de biohidrógeno dentro de estos grupos es diversa, pero pueden realizarse algunas generalizaciones. La primera, la producción de biohidrógeno es estrictamente un fenómeno anaerobio, ya que las enzimas hidrogenasa y nitrogenasa son destruidas por el oxígeno. La segunda, las circunstancias bajo las cuales ocurre la producción, siempre impone un reto a la célula, ya sea el disponer de mayor energía, de aceptar una substancia toxica o de tolerar la falta de algún nutriente importante [13].

Estos sistemas, además, pueden utilizar la luz solar como fuente de energía primaria. Las eficiencias de conversión menores, respecto a la de las celdas solares, puede ser compensada por sus requerimientos de energía más bajos, así como por su menor inversión inicial [25].

La producción biológica de hidrógeno puede ser clasificada como sigue [10]:

1. Biofotólisis del agua, utilizando algas y cianobacterias.
2. Fotodescomposición de compuestos orgánicos mediante bacterias fotosintéticas.
3. Producción fermentativa de hidrógeno de compuestos orgánicos.
4. Sistemas híbridos que utilizan bacterias fotosintéticas y fermentativas.

Uno de los mayores obstáculos para obtener una producción sostenida de H_2 en la biofotólisis del agua, es la producción de oxígeno, el cual desactiva irreversiblemente los sistemas productores de hidrógeno y soporta el proceso de consumo del H_2 [10].

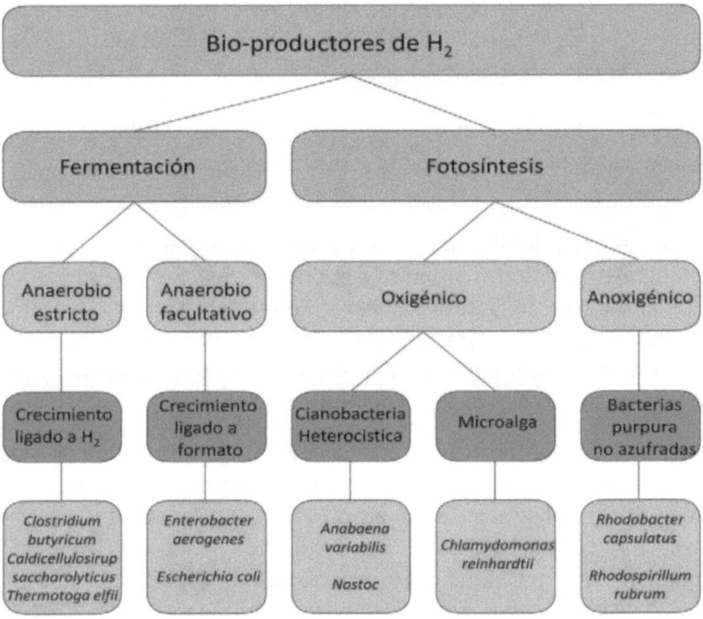

Figura 19. Clasificación de bacterias productoras de hidrógeno [13].

2.3.5.1.1 Fotodescomposición de Compuestos Orgánicos

Este proceso es también llamado fotofermentación y a las bacterias involucradas se les llama fototróficas, las cuales están indicadas en la literatura como los sistemas microbianos más prometedores para la producción de hidrógeno [10, 28]. La producción de H_2 por bacterias purpuras sin azufre, es principalmente debida a la presencia de nitrogenasa bajo condiciones deficientes de oxígeno, usando energía luminosa y compuestos reducidos (ácidos orgánicos). La reacción es como sigue:

$$C_6H_{12}O_6 + 12H_2O + Energia\ Luminosa \rightarrow 12H_2 + 6CO_2$$

La ruta bioquímica global para la fotofermentación puede ser expresada de forma siguiente:

$$(CH_2O)_? \xrightarrow[\uparrow \text{ATP}]{NADPH} Ferredoxina \rightarrow Nitrogenasa \rightarrow H_2$$

Las bacterias fototróficas requieren una fuente de electrones orgánica o inorgánica, para iniciar la fotosíntesis. Pueden utilizar un amplio rango de compuestos económicos [11].

El acceso a energía luminosa permite a los microorganismos fotosintéticos vivir mediante reacciones químicas endotérmicas, las cuales podrían no soportar la vida en la oscuridad. Por ejemplo las bacterias fotosintéticas anoxigénicas (APB), pueden derivar carbono para su crecimiento de substratos relativamente inaccesibles, incluyendo ácidos orgánicos, como los que se forman durante el proceso de fermentación en la oscuridad [13].

Estas bacterias fotoheterotróficas han sido investigadas por su disponibilidad para convertir la energía luminosa en hidrógeno utilizando desechos orgánicos como substrato, tanto en procesos batch, cultivos continuos, y sistemas de células inmovilizadas utilizando matrices sólidas como 'carrageenan', agar gel, vidrio poroso y poliuretano espumado [11].

Los mayores cuellos de botella en el proceso involucran eficiencias fotoquímicas bajas (3-10%). Más aun, la distribución no homogénea de la luz en el interior del reactor también contribuye a la disminución de la eficiencia global de conversión de la luz.

Estos obstáculos pueden ser superados:

1) Utilizando combinación de bacterias que tengan diferentes características de utilización de la luz,
2) Mejorando el diseño del foto-bio-reactor, con una mayor capacidad de difusión de la luz,
3) Manteniendo una actividad máxima de nitrogenasa, y una actividad mínima de la hidrogenasa,
4) Manteniendo una relación molar de la fuente de carbono sobre la fuente de nitrógeno.

Otro problema para la aplicación práctica de este proceso es la gran área superficial requerida para colectar la energía luminosa, ya que la construcción de tales biorreactores con una relación superficie/volumen alta, pueden incrementarse. Una posible alternativa podría ser la utilización de colectores solares [11].

Las bacterias fototróficas presentan las siguientes ventajas:

- Rendimientos teóricos de conversión altos.
- No producen oxígeno, simultáneamente con la producción de hidrógeno (fotosíntesis anoxigénica); contrariamente a las algas y las cianobacterias. El oxígeno disminuye e inhibe la producción de hidrógeno, y conduce a la imposibilidad de usar la mezcla gaseosa directamente en una pila de combustible.
- Capacidad de utilizar un amplio espectro de luz. La eficiencia de conversión de la luz 'Photosynthetic Active Radiation', la cual es la base de la energía recibida por las bacterias, es del orden del 68.5% comparado con el 43% de las algas.
- Capacidad de consumir substratos orgánicos derivados de productos de desecho y por lo tanto, su capacidad de acoplarse a un sistema de tratamiento de aguas. Entre las numerosas fuentes de carbono que utilizan tanto para desarrollarse, como para producir hidrógeno; estas se encuentran disponibles en los efluentes industriales.
- La producción de hidrógeno es continua, aun cuando el medio de cultivo está saturado en hidrógeno, contrariamente a la producción con algas y cianobacterias. [10, 23].

Por otro lado, la principal desventaja de las bacterias fotosintéticas es la necesidad de fuertes aportes energéticos, lo cual se resuelve con el uso de substratos de carbono de desechos industriales [23].

2.3.5.1.2 Producción Fermentativa de Hidrógeno

Aunque se le ha puesto menor atención, esta presenta diversas ventajas:

1) Producción alta de hidrógeno.
2) Producción continua durante día y noche.

3) Buena velocidad de crecimiento de microorganismos para abastecer el sistema de producción.

Estas características le proporcionan ventajas sobre la producción fotoquímica. Sin embargo, el hidrógeno producido también puede contener, además de dióxido de carbono, monóxido de carbono, metano y sulfuro de hidrógeno, los cuales a ciertos niveles pueden constituir un veneno para las celdas de combustión [24, 29].

2.3.5.1.3 Sistemas híbridos

Algunos investigadores han propuesto el uso de un cultivo mixto [28, 30, 31, 32, 33], generalmente bacterias fototróficas con bacterias fermentativas, con el objetivo de incrementar las cantidades de hidrógeno producidas.

En general, las bacterias involucran metabolismos fermentativos, en los que unas sustancias químicas son transformadas por diferentes rutas en ausencia de oxígeno para producir energía y otras sustancias. En algunos casos se forma hidrógeno como un producto secundario que es liberado por los microorganismos. Las microalgas, que son algas unicelulares, tienen un metabolismo más complejo, en tanto que captan la energía luminosa del Sol para producir sustancias químicas necesarias para sus procesos vitales. Este proceso, que también lo llevan a cabo las plantas y algunas bacterias, lo conocemos como fotosíntesis. Existen rutas fotosintéticas que también pueden derivar a la formación de hidrógeno como un producto secundario no utilizado por estos organismos [8].

Tanto en los procesos fermentativos como en los fotosintéticos, la formación de hidrógeno, así como todas las reacciones bioquímicas que suceden dentro de las células, son catalizadas (o aceleradas) por unas sustancias conocidas como enzimas. Las enzimas son proteínas funcionales que son sintetizadas por los propios organismos para el control de su metabolismo. Existen métodos de laboratorio para extraer enzimas de las células y utilizar los biocatalizadores en reacciones químicas controladas sin necesidad de los organismos vivos. Este método es también explotado para la producción de biohidrógeno. Dos clases generales de enzimas, las hidrogenasas y las nitrogenasas, son las involucradas en este tipo de procesos, aunque sus funciones no son en sí las de producir hidrógeno, pues este gas es más bien un subproducto de las reacciones enzimáticas involucradas [29].

Todos estos procesos de obtención de biohidrógeno están aún lejos de ser económicamente viables y sustituir las fuentes convencionales de energía. Sin embargo, es una necesidad imperiosa su estudio profundo para encontrar métodos convenientes de obtener hidrógeno de una manera que no dañe la ecología de la Tierra y que estén asegurados por la utilización de recursos naturales renovables. Finalmente, no está de más recordar que el petróleo y otros combustibles fósiles, así como la madera y el gas metano, son productos que de manera indirecta se derivan de la fotosíntesis y, más aún, de la energía solar. Otras fuentes alternativas de energía como las celdas fotovoltaicas y las turbinas eólicas también son consecuencia del aprovechamiento, directo o indirecto, de la radiación solar. Sin embargo, a diferencia de estos métodos que producen energía eléctrica o térmica, nuestra sociedad requiere de combustibles y los obtenidos de fuentes renovables presentan una gran esperanza para el futuro energético del mundo. Así, además del bioetanol y el biodiesel, el biohidrógeno es una opción que debe investigarse en la actualidad como alternativa a los combustibles fósiles [8].

2.3.5.2 Mecanismos de la producción de hidrógeno biológico

En la actualidad, la producción de hidrógeno se puede dividir en métodos fisicoquímicos y biológicos. Entre los métodos fisicoquímicos de producción convencional de hidrógeno se encuentran el reformado de metano (SRM) y el reformado de otros hidrocarburos fósiles (SRH), la oxidación parcial no-catalítica de combustibles fósiles (POX) y el reformado autotérmico, que es una combinación de SRM y POX. Sin embargo, la producción fisicoquímica de hidrógeno no puede ser considerada como una fuente de energía libre de contaminación, debido a las emisiones generadas por los procesos involucrados en su obtención. De esa manera, si se busca una producción sostenible de energía, la obtención de hidrógeno por métodos biológicos representa un proceso particularmente libre de contaminación y ahorrador de energía [8].

De acuerdo a la dependencia de luz, es común clasificar a los procesos de producción biológica de hidrógeno en: heterotróficos (comúnmente conocido como fermentación oscura) y foto-heterotróficos (fermentación luminosa). Para la producción heterotrófica de hidrógeno, los microorganismos sólo necesitan la energía química obtenida del sustrato para su metabolismo; mientras que en un proceso foto-heterotrófico se usa la radiación solar como una fuente adicional de energía [34].

En el proceso de obtención biológica de hidrógeno por fermentación, la producción de biohidrógeno se verifica en la segunda y tercera etapas de la degradación anaeróbica (acidogénesis y acetogénesis). De ahí que las bacterias metanogénicas deberían ser inhibidas para evitar el consumo de H_2 que necesitan para la producción de metano (CH_4). La producción fermentativa de biohidrógeno es menos compleja que la fotofermentación (en la que siempre está involucrada la producción anaeróbica dependiente de luz), convirtiendo los compuestos orgánicos a ácidos orgánicos, hidrógeno (H_2) y dióxido de carbono (CO_2). Las ventajas de la producción fermentativa de hidrógeno es el amplio espectro de sustratos que se pueden usar, así como los altos rendimientos de producción de hidrógeno. Otra de las grandes ventajas del proceso es que se pueden usar materiales residuales de bajo valor comercial o que incluso sólo se desechan representando un factor adicional a la contaminación ambiental [8].

Actualmente, existen cinco rutas viables para obtener biohidrógeno: biofotólisis directa e indirecta, fotofermentación, síntesis mediante bacterias fotoheterótrofas y fermentación oscura.

La biofotólisis es un proceso de disociación biológica del agua por efecto de la luz y se refiere a la conversión de agua a hidrógeno y oxígeno a través de microorganismos como microalgas y cianobacterias utilizando la energía solar como fuente energética [35]. A pesar de que la producción biológica de hidrógeno por microorganismos ha recibido gran atención del sector científico por más de 20 años, la producción industrial de hidrógeno se ha realizado por hidrólisis eléctrica de agua o por reacciones químicas como el reformado de metano. Tanto la hidrólisis directa de agua como el reformado de combustibles fósiles son procesos bien conocidos y caracterizados, mientras que la producción biofotolítica requiere aún de un gran desarrollo científico y tecnológico. Según las características en las cuales el proceso biofotolítico se desarrolle, se puede tener una biofotólisis directa o indirecta.

En la fotofermentación se aprovechan las vías catabólicas de las bacterias no sulfuradas fotoheterótrofas para obtener hidrógeno a partir de residuos de compuestos orgánicos. También hay otras bacterias pertenecientes a la familia *Rhodospirillaceae* que pueden desarrollarse en ausencia de luz usando monóxido de carbono para generar adenosina trifosfato (ATP), liberando hidrógeno molecular y dióxido de carbono [8, 11]. Una de ellas es la *Rhodospirillum rubrum* [36,37].

Finalmente, la fermentación oscura es un proceso de reciente exploración para la producción de hidrógeno. En este proceso el piruvato celular reacciona para formar acetil-coenzima A y dióxido de carbono. En esta reacción, la ferredoxina actúa en una primera etapa como un agente oxidante; en la siguiente etapa, la ferredoxina es oxidada a su forma original con lo que se forma hidrógeno molecular (H_2) como un producto. Las reacciones involucradas en este proceso son:

$$\underset{\text{glucosa}}{C_6H_{12}O_6} + 2\,H_2O \rightarrow \underset{\text{ácido acético}}{2\,CH_3COOH} + 2\,CO_2 + \mathbf{4\,H_2}$$

$$\underset{\text{glucosa}}{C_6H_{12}O_6} \rightarrow \underset{\text{ácido butírico}}{CH_3CH_2CH_2COOH} + 2\,CO_2 + \mathbf{2\,H_2}$$

Como se ha mencionado previamente, el hidrógeno es un producto intermediario en la digestión anaeróbica de sustratos orgánicos. Su formación se lleva a cabo a través de la fermentación de moléculas simples, como azúcares y almidones, durante la etapa de acidogénesis y la posterior oxidación de los productos obtenidos de esta etapa hasta ácido acético a través de las bacterias acetogénicas. La desaparición o consumo del hidrógeno producido como intermediario se debe a la formación de ácido acético y de metano en la etapa de metanogénesis a través de la acción de bacterias homoacetogénicas e hidrógenotróficas, respectivamente.

Así, la producción de hidrógeno se puede mejorar inhibiendo la acción de las bacterias consumidoras de hidrógeno. El mejor método para ello, es mediante la aplicación de tratamientos térmicos, ya que se ha observado que con tratamientos de calor se consigue la eliminación de las bacterias metanogénicas e hidrógenotróficas. En conclusión, el medio más efectivo para la destrucción de las bacterias consumidoras de hidrógeno, sin obtención de metano como producto final de la anaerobiosis, es la simple aplicación de un tratamiento térmico [8].

Otro parámetro importante a ser considerado en la producción biológica de hidrógeno es el valor del pH del medio, ya que a pesar de que la mayoría de los sistemas anaeróbicos productores de hidrógeno pueden operar aún sin control del pH en el medio, se ha observado que cuando se opera un sistema biológico controlando el pH, aumenta la producción de hidrógeno en comparación con un sistema en el que no se ha controlado el pH del medio [8].

2.3.5.3 Procesos enzimáticos

Como se ha mencionado previamente, las enzimas involucradas en los procesos que se verifican en los mecanismos de generación de hidrógeno a partir de microorganismos y bacterias son las hidrogenasas y las nitrogenasas.

2.3.5.3.1 Hidrogenasas

Las hidrogenasas son un grupo de enzimas que catalizan la reacción reversible de oxidación del compuesto químico más simple: la molécula de hidrógeno (bihidrógeno). Esto se verifica a través de la conversión de la molécula de bihidrógeno (H_2) en sus partículas constituyentes elementales que son dos protones y dos electrones.

Las hidrogenasas son un factor central del metabolismo del hidrógeno que es esencial para muchos microorganismos, entre los que destacan los metanogénicos (formadores de metano), los acetogénicos (formadores de ácido acético), los fijadores de nitrógeno, los fotosintéticos y las bacterias sulfato-reductoras. La mayoría de los organismos pertenecientes al género procariótico, así como unos pocos eucarióticos, contienen hidrogenasas y por tanto son capaces de metabolizar hidrógeno. El papel de las hidrogenasas se resume a la oxidación de la molécula biatómica de H_2 para proporcionar una fuente de compuestos reductores fuertes a un organismo vivo o a la generación de hidrógeno para consumir el exceso de electrones en un ambiente biológico determinado [8].

Es posible distinguir cuatro tipos de hidrogenasas en función del tipo de metales que forman parte de su estructura: el primer grupo incluye a aquellas enzimas que contienen hierro [Fe], el segundo grupo a las que además de hierro contienen un átomo de níquel [Ni-Fe], un grupo más que contiene hierro, níquel y selenio [Fe-Ni-Se] y finalmente están las hidrogenasas que no disponen de ningún metal de transición enlazado a su estructura.

En determinaciones recientes de la estructura cristalina de las proteínas obtenidas por difracción de rayos X de varias hidrogenasas conteniendo [Fe] y [Ni-Fe] se observó que el centro activo de la enzima (donde tiene lugar la rotura heterolítica del hidrógeno molecular), está formado por un complejo bimetálico de Ni-Fe con dos moléculas del aminoácido cisteína en la estructura de la proteína que hacen el papel de ligandos.

Las hidrogenasas juegan un papel vital en el metabolismo anaeróbico. En éste, la asimilación de hidrógeno (oxidación de H_2) se encuentra acoplada a la reducción de moléculas aceptoras de electrones tales como oxígeno, nitrato, sulfato, dióxido de carbono o fumarato; mientras que la reducción de los protones (proceso de formación de H2) es esencial para que se verifique el proceso de fermentación de piruvato (compuesto que se sintetiza a partir del metabolismo de carbohidratos y proteínas) y para la disposición del exceso de electrones. Los compuestos que pueden actuar como donadores de electrones (D) o aceptores (A) en las hidrogenasas son compuestos de bajo peso molecular o proteínas tales como ferredoxinas y citocromo [8].

$$H_2 + A_{ox} \longrightarrow 2H^+ + A_{red}$$

$$2H^{+} + D_{red} \longrightarrow H_2 + D_{ox}$$

La hidrogenasa fue descubierta en la década de 1930 y en años posteriores se observó que dichas enzimas contienen como centros activos átomos de hierro (Fe) y en algunas ocasiones níquel (Ni) y selenio (Se). Se ha determinado que las variedades de enzimas que contienen níquel suelen encontrarse en microorganismos que consumen hidrógeno mientras que los microorganismos productores de hidrógeno tienen enzimas con solo hierro como sitio activo.

Como es sabido, el hidrógeno es un compuesto ampliamente usado en la industria química y que actualmente ha sido considerado como un combustible de gran potencial. Es producido por organismos fermentativos tales como *Clostridium*, los cuales degradan (oxidan) azúcares y otra materia orgánica a través de piruvato a CO_2 y acetato. Para que este proceso se lleve a cabo, se deben generar electrones oxidantes, tales como los generados en la proteína ferredoxina, para que la molécula orgánica adyacente se pueda degradar. Con el protón deficiente como aceptor de electrones la ferredoxina es oxidada a través de la producción de hidrógeno por la hidrogenasa.

El hidrógeno es en realidad un producto intermediario del metabolismo y es muy raro que llegue a escapar de un sistema anaeróbico puesto que los protones intervienen en una multitud de procesos de generación de energía para el desarrollo del microorganismo. Dependiendo del ambiente, varios tipos de microorganismos anaerobios consumidores de hidrógeno obtienen energía usando los electrones obtenidos para producir metano o acetato a partir de CO_2, sulfuro a partir de sulfatos, o nitrógeno y nitritos a partir de nitrato. El hidrógeno también se puede usar para reducir dióxido de carbono a bloques de construcción celular, en algunos casos para reducir nitrógeno a amoniaco. Así, cualquier molécula de hidrógeno que alcanza ambientes aeróbicos tenderá a ser consumida por bacterias que obtienen energía usando la reacción de hidrógeno y oxígeno para producir agua [8].

La hidrogenasa productora de hidrógeno purificada a partir de la bacteria *Clostridium*, es una molécula con forma de hongo de 60 kDa de masa. Está formada por subunidades que contienen cinco distintos cúmulos de [Fe-S] covalentemente unidos a la proteína. El arreglo espacial de la enzima denota que los cinco cúmulos se encuentran implicados en la transferencia de electrones inter- e intra-proteína. La hidrogenasa recibe a los electrones obtenidos a partir de la oxidación de piruvato (catalizada por la enzima que contiene al menos dos cúmulos [Fe4S4]) a través de la ferredoxina (que contiene dos cúmulos [Fe4S4]).

A pesar de que la reacción química que representa la formación de hidrógeno, catalizada por la hidrogenasa, aparenta ser muy simple el mecanismo es sumamente complejo.

$$H_2 \leftrightarrow 2H^+ + 2e^-$$

Los electrones no están libres, como se observa en la ecuación, sino que se encuentran enlazados al cúmulo metálico. De la misma manera, los protones no se encuentran disponibles para los sitios activos catalíticos de la enzima para producir hidrógeno. La estructura de la enzima hidrogenasa involucra también residuos de moléculas polares de las proteínas que se utilizan como medio de trasporte y enlace de los protones. Así los protones se desplazan a través de la estructura de las proteínas hacia los alrededores del cúmulo de H donde pueden interactuar con los electrones para terminar en la agregación de la molécula de hidrógeno [8].

2.3.5.3.2 Nitrogenasas

En la producción de hidrógeno mediante cianoabacterias se involucra una etapa de fijación de nitrógeno en la que las nitrogenasas juegan un papel relevante. Las nitrogenasas son un grupo de enzimas que algunos organismos utilizan para fijar el nitrógeno gaseoso (N_2) atmosférico, para que pueda ser asimilada en su metabolismo [35].

La molécula diatómica de nitrógeno (N_2) es relativamente inerte, ya que cada átomo de nitrógeno tiene tres orbitales incompletos en su capa de electrones más externa, lo que les confiere la capacidad de enlazarse con otro átomo. Todas las nitrogenasas tienen un cofactor que puede estar formado por hierro (Fe) o azufre (S), además de un átomo heterometálico en el sitio activo. Este heteroátomo es por lo general molibdeno (Mo), aunque algunas veces puede ser vanadio (Va) o hierro (Fe).

La nitrogenasa es una enzima que convierte al nitrógeno atmosférico a amoniaco de acuerdo con la siguiente reacción [8]:

$$\mathbf{N_2 + 8\,H^+ + 8\,e^- + 16\,ATP \rightarrow 2\,NH_3 + H_2 + 16\,ADP + 16\,P}$$

Las nitrogenasas rompen el triple enlace de la molécula de nitrógeno por efecto de electrodonación de cada uno de los tres enlaces y entonces se unen con los átomos de nitrógeno a los átomos de hidrógeno. El proceso es bastante complejo ya que cada enlace se rompe individualmente y hasta el momento, no ha sido discernido en su totalidad. Las nitrogenasas requieren de las proteínas que contienen molibdeno y hierro en su centro activo y de ATP, las cuales le proporcionan la energía necesaria para llevar a cabo la ruptura del triple enlace de la molécula biatómica de nitrógeno (N_2). Las nitrogenasas enlazan cada átomo de nitrógeno a tres átomos de hidrógeno para formar amoniaco (NH_3) y el amoniaco es enlazado a glutamato que después se convierte en glutamina para posteriormente formar ácidos nucléicos. La nitrogenasa se asocia con una segunda proteína y cada ciclo transfiere un electrón a partir de un electrodonador, el cual es suficiente para romper uno de los enlaces químicos de nitrógeno. Sin embargo, no se ha probado que exactamente tres ciclos sean suficientes para fijar un átomo de nitrógeno.

La enzima por tanto requiere de una gran cantidad de energía química obtenida a partir de la hidrólisis de ATP, y agentes reductores tales como diationita in vitro o ferredoxina in vivo. La enzima está compuesta por la proteína heterotetramérica [MoFe] que está transitoriamente asociada a con la proteína homodimérica Fe. La nitrogenasa proporciona poder de reducción cuando está asociada con la proteína homodimérica.

La nitrogenasa se provee de energía reductora cuando se asocia a la proteína homodimérica Fe nucleótido-enlazada. El heterocomplejo experimenta ciclos de asociación y disociación para transferir un electrón, que es el paso limitante del proceso. El ATP provee la energía reductora.

El mecanismo exacto de catálisis es desconocido debido a la dificultad de obtener cristales de nitrógeno enlazados a la nitrogenasa, lo que no ha permitido realizar estudios analíticos que aseguren un mecanismo. Esto es debido a que en el estado de reposo de la proteína [MoFe] no se enlaza al nitrógeno y también requiere de al menos tres transferencias electrónicas para iniciar la catálisis.

Debido a las propiedades oxidativas del oxígeno, la mayoría de las nitrogenasas son irreversiblemente inhibidas por oxígeno, lo cual oxida degradando paulatinamente a los cofactores [Fe-S]. Esto requiere de mecanismos para fijar nitrógeno y evitar oxígeno in vivo. A pesar de este problema, muchos usan oxígeno como un aceptor terminal de electrones para la respiración. Se conocen excepciones: una nitrogenasa descubierta recientemente de *Streptomyces thermoautotrophicus* no es afectada por la presencia de oxígeno. Las azobacterias son las únicas en su habilidad de emplear una nitrogenasa lábil al oxígeno bajo condiciones aeróbicas [8].

2.3.5.4 Producción de biohidrógeno "in vitro"

Cuando se habla de procesos in vitro, normalmente se hace referencia a un proceso biológico que normalmente sucede en algún organismo vivo, pero que se reproduce fuera de este organismo, es decir, en las condiciones controladas de laboratorio. Las enzimas, por ejemplo, pueden ejercer su función catalítica tanto dentro como fuera de las células, siempre y cuando se satisfagan las condiciones que favorezcan su actividad. Las hidrogenasas no son la excepción y se han propuesto procesos in vitro muy interesantes para la producción de hidrógeno.

En teoría, es posible obtener una gran cantidad de hidrógeno a partir de materia prima renovable, como la glucosa; sin embargo, los rendimientos estequiométricos típicamente obtenidos con métodos biológicos, se encuentran apenas entre el 16 y el 24%, esto es, entre 1.9 y 2.4 moles de H_2 por cada mol de glucosa. Actualmente, se han desarrollado métodos enzimáticos que permiten obtener hasta un 97% de rendimiento estequiométrico de producción de hidrógeno a partir de glucosa-6-fosfato

(G6F), es decir, 11.6 moles de H_2 por cada mol de G6F. Para conseguir lo anterior, se utilizan enzimas del ciclo oxidativo pentosa-fosfato acopladas a hidrogenasas purificadas mediante bacterias de tipo *Pyrococcuss furious*, una de las pocas hidrogenasas que usan NADP+ como electrón portador. Aunque se trata de resultados en laboratorio, este alto porcentaje representa un avance significativo en la producción de hidrógeno por que la producción enzimática de G6F es factible a escala industrial.

Esta vía de generación de hidrógeno es altamente eficiente desde el punto de vista energético. Por otro lado, en el ciclo oxidativo pentosa-fosfato se generan 6 moles de CO_2 por mol de glucosa, una cantidad menor en relación a la generada por combustibles fósiles, lo que hace de este proceso una alternativa ambientalmente amigable [8].

En años recientes, se han propuesto otros procesos en los que se aprovecha la clorofila extraída de las microalgas del género *Spilurina* para captar la energía solar, misma que es utilizada para realizar una serie de reacciones químicas que conducen a la producción de hidrógeno catalizada por platino (Pt). Aunque no participan directamente las hidrogenasas en esta serie de reacciones, estas enzimas y otras llamadas celulasas son utilizadas en la producción de la materia prima (la misma G6F mencionada anteriormente) a partir de extractos hidrolizados de celulosa, un polímero natural formado por moléculas simples de glucosa y que tiene una función estructural siendo el componente principal de las fibras de madera y de las plantas.

El estudio del proceso fotosintético a nivel micro ha permitido un mayor conocimiento de las estructuras fotosintéticas, como la PSI, considerada por algunos investigadores como la maquina nano-fotoquímica más eficiente en la naturaleza [38].

2.3.5.5 Microorganismos fotosintéticos

Los microorganismos (organismos unicelulares) tienen una vida muy simple. Cada célula tiene todas las funciones metabólicas necesarias para su desarrollo, independientemente de las otras células alrededor. Tienen la virtud de crecer y reproducirse utilizando un conjunto básico de alimentos llamados sustratos, pero también generando sustancias de desecho. Todas estas conversiones no son más que reacciones químicas reguladas a través de las moléculas proteicas conocidas como enzimas y relacionadas unas con otras a través de rutas metabólicas. En el laboratorio, los microorganismos pueden cultivarse utilizando normalmente una solución acuosa o un gel, enriquecidos con nutrientes. Cada especie requiere de sustratos específicos para su desarrollo y de condiciones características de crecimiento. Estos sustratos consisten principalmente de agua y una fuente de carbono, además de nitrógeno, fósforo y azufre, así como de cantidades ínfimas de algunos minerales [33, 39, 40].

Los organismos fotosintéticos, que incluyen las plantas verdes, las algas y varios microorganismos, contienen en sus células un sistema fisiológico especializado para llevar a cabo el complejo proceso de la fotosíntesis. Este sistema permite, por medio de dos fases, la captación de la energía luminosa y del CO_2 del medio ambiente para su conversión a carbohidratos. Estos son sustancias conocidas como una fuente de energía para las células, tanto de origen vegetal como animal, que permite el desarrollo de sus actividades metabólicas. La primera fase de la fotosíntesis consiste en un grupo de reacciones que comienzan con la captación de la energía solar. En la segunda fase, que no está acoplada inmediatamente a la primera, esta energía permite la transformación del dióxido de carbono a monosacáridos como la glucosa que pueden utilizarse directamente o bien convertirse en almidón u otros polímeros de carbohidratos para almacenamiento y su posterior uso [8].

Los microorganismos no fotosintéticos requieren una fuente de carbohidratos en el medio de cultivo para desarrollarse. En la práctica, esto conduce a dos complicaciones durante su cultivo: el costo adicional del nutriente y el riesgo a la contaminación por otros microorganismos oportunistas que pueden introducirse al reactor. Este último problema puede controlarse bastante bien utilizando sistemas esterilizados [8].

La capacidad biológica de tomar o producir hidrógeno molecular es probablemente exclusiva de los sistemas microbiológicos de la biosfera. Este fenómeno es especialmente prevaleciente entre los microorganismos fotosintéticos. La mayoría de las bacterias fotosintéticas, las cianobacterias y las algas eucariotas llevan a cabo estas funciones de consumo y formación de hidrógeno. El proceso de fotosíntesis es el punto de partida para todos los métodos de producción de biohidrógeno utilizando la luz del sol. La fotosíntesis puede dividirse en dos casos sustanciales: mientras que en las algas, las cianobacterias y las plantas se produce O_2 durante el proceso, este gas no se obtiene en las llamadas bacterias púrpuras y en las verdes [41]. En condiciones normales, ambos procesos utilizan el hidrógeno para la síntesis de compuestos vitales en el funcionamiento celular. Sin embargo, en condiciones anaerobias (sin oxígeno) muchos organismos han desarrollado un mecanismo de supervivencia que produce hidrógeno como un producto secundario [35, 42].

En comparación con los procesos fermentativos, algunas bacterias púrpuras y las verdes tienen una alta eficiencia de conversión de sustrato a hidrógeno y pueden usar una gran variedad de sustratos para su crecimiento y para la producción de hidrógeno.

En condiciones anaerobias y en ausencia de nitrógeno, las enzimas llamadas nitrogenasas son las responsables de la producción de hidrógeno. En la actualidad, el proceso más económico involucra el uso de aguas residuales ricas en carbohidratos obtenidas de la industria alimentaria para la fermentación de este tipo de bacterias [43, 44].

Para la producción de biohidrógeno, los géneros *Rhodospirillum* y *Rhodobacter* representan ejemplos de bacterias púrpuras mientras que la especie *Chlorobium* vibrioforme corresponde a una bacteria verde [8].

Las cianobacterias son organismos que producen hidrógeno mediante dos clases de enzimas: nitrogenasas e hidrogenasas. Las nitrogenasas, como en las bacterias púrpuras y verdes, están relacionadas con la fijación de nitrógeno por lo que en comparación con las hidrogenasas su rendimiento para producir hidrógeno es bajo. La activación de hidrogenasas, por otro lado, se puede llevar a cabo bajo tres mecanismos distintos: (i) la ruta fotosintética en la que la fuente de hidrógeno es el agua y se hace uso completo de la fotosíntesis, (ii) la ruta fermentativa en la que se fermenta sin luz un sustrato producido durante la fotosíntesis, y (iii) la ruta fotofermentativa en la que se mezclan procesos fermentativos y procesos fotosintéticos. En todo caso, las hidrogenasas requieren de condiciones anaerobias para ser activadas, aunque algunas hidrogenasas son más tolerantes que otras a la presencia de oxígeno. Los géneros *Oscillatoria* y *Anabaena* son dos ejemplos de cianobacterias productoras de hidrógeno [35].

Algunas microalgas han desarrollado la habilidad adicional de producir hidrógeno a partir de agua, aunque en realidad se conocen pocas especies de algas que producen este gas. Las hidrogenasas en estos microorganismos tienen mayores capacidades de conversión que otras hidrogenasas. Se ha encontrado que la producción de hidrógeno se favorece aún más en condiciones de carencia de azufre en el medio de cultivo. La mayoría de las propuestas para la producción de biohidrógeno a partir de microalgas se centran en una sólo especie de agua dulce, cuyo nombre científico es *Chlamydomonas reinhardtii*. Sin embargo, actualmente se buscan también otras microalgas que produzcan el gas de manera más efectiva [8].

Actualmente proyectos de ingeniería bioquímica y genética están siendo desarrollados, con el objetivo de obtener organismos con una mayor capacidad productora de hidrógeno [45].

2.3.5.6 Substratos y Condiciones de Proceso

Algunos medios de cultivo han sido diseñados para la producción de hidrógeno fotosintético, dependiendo de los requerimientos específicos del microorganismo. Además de bases minerales, han sido utilizadas fuentes de carbono tales como lactato (22, 23, 26, 46], y acetato [47].

Algunos estudios evalúan los efectos de ciertas vitaminas, tales como el acido nicotínico, la vitamina B1 y la biotina; en la capacidad de generación de hidrógeno fototrófico [48].

Diversos medios de cultivo, comúnmente productos de desecho han sido también propuestos [49]. Entre otros están el uso de desechos de la industria lechera [50, 51], rastrojo de maíz [52], olote de maíz [53], almidón [54]; aceite de palma [55], aceite de oliva [56, 57], desechos municipales

[58], glucosa [28], papa [59], refinería de azúcar [43], curtidurías [44], estiércol de vaca [60] y rastros [61, 62]. No solamente las fuentes de carbono han sido investigadas, sino también fuentes de nitrógeno tales como glutamato [22] y aminoácidos [63].

Cuando efluentes industriales son utilizados, puede ser necesaria la inclusión de un proceso de fermentación en oscuridad, previo al proceso de fotofermentación [28, 34, 40, 53, 59, 62, 64, 65].

La utilización de efluentes industriales para la producción de hidrógeno gaseoso mediante bacterias fotosintéticas es posible, aunque estos cultivos prefieren ácidos orgánicos como fuentes de carbono [49, 66]. Uno de los principales problemas en el uso de efluentes industriales es el color de los desechos, lo cual puede limitar la penetración de la luz. La concentración alta de amonia puede ser otro problema, la cual inhibe a la enzima nitrogenasa, reduciendo la productividad de hidrógeno. Alto contenido de materia orgánica, así como la presencia de compuestos tóxicos en los efluentes industriales podrían requerir pretratamiento antes de la producción de hidrógeno [40, 49, 66].

Además de la generación de hidrógeno, el uso de efluentes industriales como substratos ha llevado al diseño de sistemas que puedan ser integrados a un sistema de tratamiento de los mismos [65, 66].

Por otro lado, también ciertos parámetros de proceso como el pH [67, 68], temperatura [69, 70, 71], el tipo de luz y su intensidad [71, 72, 73, 74, 75], el flujo del substrato y su concentración [76], han sido investigados.

Melis y Melnicki [33], utilizaron un cultivo mixto constituido en primer lugar de algas verdes, las cuales tienen la capacidad de captar la porción visible de la luz solar; y en segundo lugar de bacterias fotosintéticas anoxigénicas, las cuales pueden captar las emisiones solares cercanas al infrarrojo.

Además, métodos estadísticos y de diseño de experimentos han sido empleados con el objetivo de optimizar los rendimientos de hidrógeno [77,

78, 79]. La metodología de optimización con 'superficie de respuesta', también ha sido aplicada para el mejoramiento del rendimiento de hidrógeno fotosintético [80].

2.3.5.7 Reactores Fotosintéticos

La producción de biohidrógeno es un fenómeno que ha sido observado en microorganismos desde la primera mitad del siglo XX y puede decirse que en los últimos años se ha avanzado en la comprensión de los mecanismos moleculares involucrados. Estos conocimientos provienen de diversos estudios científicos que en la actualidad están concentrados en desarrollar sistemas de obtención de hidrógeno a escalas mayores. En este sentido, una nueva veta de investigación se abre hacia el desarrollo de fotobiorreactores [81].

Los reactores que permiten el cultivo de microorganismos y, en su caso, la subsecuente producción de sustancias de interés, se conocen como biorreactores. Existen biorreactores que permiten cultivos desde alrededor de un litro hasta millones de litros de medio de cultivo y principalmente se utilizan cuando existe el interés de una producción comercial, aunque se pueden utilizar también biorreactores pequeños para estudios básicos y como punto de partida para procesos de escalamiento a biorreactores de mayor tamaño. Cuando los microorganismos son fotosintéticos, una fuente luminosa es entonces requerida y se habla de fotobiorreactores [82, 83].

La fuente de luz puede ser artificial, por medio de lámparas incandescentes o fluorescentes [22, 23, 26, 84], aunque existen sistemas que utilizan la radiación solar, ya sea directamente o indirectamente a través de captadores y guías ópticas [34, 81, 82]. Otras fuentes de luz, como diodos de longitud de onda larga (LW-LED), han sido utilizados [85].

Un factor importante optimización en la producción de H_2 se encuentra en el diseño de biorreactores, los cuales maximicen la absorción de luz por parte de las bacterias; ya sea mediante agitación o mediante el incremento del área superficial con respecto al volumen del reactor [23]. Entre los diversos diseños se encuentran el reactor batch de secuenciación SBR [50]; microfiltración de membrana [31]; de flujo ascendente 'upflow' [86], fotobiorreactores de columna [33, 39, 87], fotobiorreactor flotante [25], células inmovilizadas [37, 66], biopelículas [88], reactor tubular [89]. La mayor parte de foto-biorreactores desarrollados para la producción de hidrógeno son tubulares, de panel plano y de columna burbujeante [49]. También han sido utilizados sistemas de células inmovilizadas con matrices sólidas como 'carrageenan', agar, vidrio poroso y poliuretano espumado [11]. La eficiencia fotoquímica, la cual tiene un máximo teórico de 10%, juega un papel importante en la producción de hidrógeno [73]. Intensidades altas de iluminación provocan menores rendimientos de conversión de la luz, pero mayores velocidades de producción de H_2. Sin embargo, la luz en exceso puede desencadenar una foto-inhibición, disminuyendo la velocidad de producción [49].

En relación a la producción solar de hidrógeno, la eficiencia de conversión de luz puede disminuir durante el mediodía, debido a la alta intensidad [72]. La inclusión de bandas de sombreado demostró un incremento en la eficiencia de producción solar de hidrógeno durante el mediodía, evitando la foto-inhibición [90]. Los ciclos de luz/oscuridad inducidos por el mezclado, cuando se encuentran en el rango de micro o milisegundos, pueden mejorar la eficiencia fotoquímica [73].

El medio de cultivo dentro del reactor adquiere una mayor turbidez a medida que la bacteria fotosintética se reproduce. Este incremento en la biomasa limita la penetración de la luz al interior del reactor. Una forma de combatir este fenómeno es mediante la sustracción de una porción del medio de cultivo ya utilizado, y su reemplazo con medio de cultivo fresco, manteniendo la densidad óptica como variable de control [22, 91].

El reemplazo de medio de cultivo es importante también por el hecho de que la cinética de formación de biomasa y de generación de hidrógeno son dependientes de la concentración de biomasa y substrato [22, 92].

Ya que el hidrógeno producido debe ser colectado, el fotorreactor debe ser un sistema cerrado. Debe ser también práctico de esterilizar. La productividad de este reactor está limitada por la luz, por lo cual una relación superficie/volumen de reactor alta es necesaria. Las eficiencias fotoquímicas son bajas (alrededor del 10%), y tienden a decrecer a medida que la intensidad de la luz crece (efecto de saturación de la luz, ya que no todos los fotones son utilizados para la energía de reacción, sino que son disipados como calor). Esto significa que para crear un proceso biológico eficiente es importante ya sea diluir la luz y distribuirla en lo posible en el volumen del reactor y/o mezclar el cultivo a una velocidad alta para que las células sean expuestas a la luz solo por un periodo corto de tiempo [34, 39, 64, 73, 81, 93].

Dependiendo del tipo de reactor y la forma en que este es operado, las células son acarreadas durante cierto periodo de tiempo a superficies expuestas a la luz y luego a superficies oscuras. Estos ciclos de luz/oscuridad inducidos por el mezclado, cuando se encuentran en el rango de micro o milisegundos, pueden mejorar la eficiencia fotoquímica [73].

Zlatev [23], demostró que a condiciones idénticas de iluminación y concentración lactato/glutamato del substrato, mayores rendimientos de producción de hidrógeno son obtenidos en reactores planos continuos o semicontinuos, en los cuales la superficie de contacto de las bacterias con la luz es maximizada.

El diseño de un fotobiorreactor adecuado depende principalmente de las condiciones óptimas de crecimiento que requiere cada microorganismo, pero se tiene una noción general de los requerimientos a considerar [83]. Para empezar, se requiere de un medio de cultivo adecuado que contenga los nutrientes indispensables para el correcto metabolismo de las células. También es necesario proveer de sustratos gaseosos como oxígeno o dióxido de carbono, que son introducidos al medio de cultivo mediante diversos mecanismos para asegurar el proceso de difusión y disolución de gases en el medio líquido. En el caso de procesos anoxigénicos, es posible la introducción de un gas inerte, como el nitrógeno, mediante burbujeo. La agitación del medio de cultivo juega un papel muy importante en la homogeneidad de nutrientes, células y temperatura durante el proceso, permitiendo un mejor control de éste. Es común utilizar el burbujeo de sustratos gaseosos comprimidos, que a su vez funciona como método para agitar el medio de cultivo. Otra forma combinada consiste en utilizar paletas de agitación que a su vez introducen el gas atmosférico al medio de cultivo. También se conocen sistemas que incluyen tanto el burbujeo como las paletas [34, 81].

En los últimos años se han comenzado a utilizar distintos sensores que permiten el seguimiento en tiempo real del cultivo a través de diversas variables, lo que también permite su control automático. Así, es posible conocer por ejemplo la densidad celular mediante técnicas ópticas (espectroscopía) o eléctricas (capacitancia y conductividad), la concentración de sustratos mediante técnicas electroquímicas (electrodos de concentración) o espectroscópicas (fluorescencia o infrarrojo). Estas técnicas tienen la ventaja de hacer un seguimiento continuo del cultivo sin requerir muestreos que pueden ocasionar problemas de contaminación o que simplemente demandan tiempos de vigilancia y análisis adicionales [8].

En los fotobiorreactores es de especial importancia una iluminación adecuada del sistema de cultivo, dado que existe una cantidad máxima de eficiencia del proceso fotosintético.

Además, la magnitud de la radiación solar depende del lugar geográfico y las condiciones climáticas. Por ejemplo la magnitud de esta radiación es de 18 MJm^{-2} d^{-1} en Ámsterdam, mientras que en Sevilla es de 26.6 $MJm^{-2}d^{-1}$. La intensidad de la luz solar tiene una incidencia directa en la cantidad de hidrógeno producida por las bacterias fotosintéticas [73].

Cuando la energía luminosa es menor, las eficiencias son proporcionalmente menores y los cultivos tienen un metabolismo más lento. Por el contrario, si la energía luminosa es mayor que el máximo de eficiencia, los sistemas fotosintéticos son inhibidos por una respuesta de protección de los organismos, lo que conduce a una disminución drástica en la rapidez del metabolismo celular. En general, la iluminación se hace desde el exterior, por lo que las paredes del fotobiorreactor se conciben transparentes para dejar pasar la radiación luminosa [8].

Existen también fotobiorreactores que son iluminados desde su interior, permitiendo una mayor homogeneidad de luz [34, 81].

Cuando se diseñan fotobiorreactores, la geometría del sistema juega un factor importante al igual que la fuente luminosa. Si los fotobiorreactores son muy gruesos, entonces habrá células que reciban una cantidad de luz menor que otras, pero si son muy delgados, entonces hay luz que es desaprovechada. El espectro de radiación luminosa y la distancia de la fuente de luz también deben considerarse, así como los ciclos iluminación/oscuridad. En la naturaleza estos ciclos son circadianos, repitiéndose cada 24 horas, pero se sabe que los organismos fotosintéticos tienen un metabolismo más rápido si son iluminados de manera continua, sin una fase oscura. También es posible utilizar ciclos iluminación/oscuridad muy cortos, de unos cuantos segundos, para acelerar el metabolismo en las células [34, 81, 93].

Evidentemente, el uso de luz solar natural permite una reducción significativa en los costos de producción de microorganismos fotosintéticos. Si bien es cierto que una cantidad bien controlada de luz permite un mejor control del cultivo, la iluminación artificial continua hace que el proceso óptimo sea poco económico. Con el fin de hacer rentable la producción de biohidrógeno con organismos fotosintéticos, es entonces necesario explotar el uso de fotobiorreactores que aprovechen el recurso solar al máximo. Existen varios modelos que han sido probados con distintas especies de microorganismos y con diferentes grados de éxito, pero es necesario recordar que cada tipo de células requiere condiciones muy particulares y no puede hablarse de un prototipo general para todo tipo de organismos fotosintéticos [34, 81, 93].

De acuerdo a los estudios realizados tanto en el tipo de microorganismo y sus substratos, así como de los reactores fotosintéticos y las condiciones de proceso; es posible establecer ciertas áreas de oportunidad, con la finalidad de reducir el costo del hidrógeno generado por este medio. La *tabla 10* muestra un comparativo de los costos unitarios del contenido energético del hidrógeno y otros combustibles convencionales, obtenidos a partir de procesos diversos.

Una de estas áreas de oportunidad la constituye el uso de materias primas baratas. La utilización de productos de desecho regionales elimina prácticamente este costo. Además, es necesario utilizar elementos y procesos de producción cuyos elementos permitan que el biohidrógeno sea costeable. En este sentido, el empleo de la luz solar como fuente de iluminación es imperativo.

Tabla 10. Comparación del costo unitario del contenido energético del hidrógeno obtenido mediante procesos varios, así como de otros combustibles convencionales [11].

Proceso	Materia Prima	USD/MBTU
Hidrógeno fotobiológico	H_2O y ácidos orgánicos	10
Hidrógeno fermentativo	Melasas	30
Pirólisis para producción de H_2	Carbón, biomasa	4
H_2 de electrólisis avanzada	H_2O	10
H_2 de descomposición térmica de vapor	H_2O	13
H_2 Fotoquímico	Acidos orgánicos	21
Etanol Fermentativo	Melasas	31.5
Gasolina	Petróleo crudo	6
Electricidad Solar	Energía solar	60
Electricidad eólica	Energía eólica	15

2.3.5.8 *Rhodobacter capsulatus*

Finalmente, al respecto de la elección de microorganismos productores de hidrógeno, puede comentarse que en la actualidad se han estudiado solo algunas pocas especies de los cientos que se conocen y tienen la capacidad de sintetizar hidrógeno. En general se ha trabajado con especies elegidas como modelo, pero de ninguna manera se conocen los microorganismos con más altas eficiencias de conversión [83]. Existen entonces dos líneas de investigación que se concentran en la búsqueda de microorganismos fotosintéticos con altos rendimientos de biohidrógeno. Una de ellas está encaminada en la búsqueda en la naturaleza de nuevas especies que cumplan con este cometido y la comparación con el de las especies conocidas. La otra se enfoca en la genética del proceso celular para la síntesis de hidrógeno: mediante la identificación de los genes claves en la activación de este proceso, es posible proponer modificaciones genéticas en microorganismos que son ya bien estudiados y que pueden responder a las necesidades requeridas de producción [8].

En resumen, la búsqueda de métodos para la producción de biohidrógeno fotosintético es un campo que está en pleno desarrollo y en el cual se tienen grandes expectativas por sus implicaciones ecológicas en la resolución del problema energético mundial.

Aunque en las últimas décadas se han logrado grandes avances en la comprensión de los mecanismos del proceso de obtención de biohidrógeno, aún falta resolver problemas tecnológicos que propongan modelos económicos y sostenibles, requiriendo avances desde la ingeniería de fotobiorreactores hasta la ingeniería genética [93].

Entre las bacterias fotosintéticas heterótrofas, la *Rhodobacter capsulatus* fue elegida por su fuerte capacidad de producir hidrógeno [22, 46, 84, 94, 95, 96, 97, 98]. Utilizando lactato como fuente de carbono, la productividad de esta bacteria alcanza los 130 ml de hidrógeno puro/hora/gramo de peso seco de bacteria [23, 99]. En cultivo batch con lactato 100mM, se obtienen 2.2 gramos de peso seco de bacteria/lt, asociado a un rendimiento de transformación de 72% de lactato en hidrógeno [23].

De acuerdo con *Das y Veziroglu* [10]; el máximo rendimiento de esta bacteria es de 5.3 mmol H_2/l.hr, el cual es de los más competitivos; solo superado por las bacterias fermentativas *Enterobacter aerogens* con 11.36 mmol H_2/l.hr, la *Citrobacter intermedius* con 11 mmol H_2/l.hr y por la *Enterobacter cloacae* con 37 mmol H_2/l.hr; aunque estas últimas producen también altas concentraciones de ácidos grasos.

También se ha demostrado que cultivos mutantes pueden ser aislados y que han mostrado capacidades mejoradas de producción de hidrógeno comparadas con la variedad silvestre. La variedad mutante IR3 de esta bacteria ha demostrado una capacidad aumentada de producción sobre otras variedades mutantes y sobre la misma variedad silvestre B10 [22, 26, 46].

Akkerman y colaboradores [73], encontraron que para el caso de las bacterias púrpura, la ventana de Radiación Fotosintética Activa PAR, se encuentra entre los 400 y los 950 nm y que el 65.8% de la radiación solar se encuentra en esta ventana. Sin embargo, para el caso de las microalgas, este porcentaje es de 43%, ya que su ventana PAR se encuentra entre los 400 y los 700 nm.

El género de la alfa-proteobacteria *Rhodobacter*, incluye especies que poseen un extenso rango de capacidades metabólicas, lo cual ha despertado un gran interés científico, especialmente en el área de energías renovables. El *Rhodobacter* se encuentra en agua fresca o en ambientes marinos [27, 100].

La *figura 20* muestra una fotografía de un cultivo liquido de la *Rhodobacter capsulatus*, mientras que la *figura 21* muestra su clasificación taxonómica. La bacteria fototrófica *Rhodobacter capsulatus* es comúnmente utilizada para la producción de hidrógeno, a través de diversas fuentes de carbono [22, 41, 42]. Sin embargo, la velocidad y el rendimiento de la reacción varían grandemente dependiendo de la fuente de carbono utilizada, y las condiciones fisiológicas experimentales, tales como la intensidad luminosa y el pH [22, 98]. Otra bacteria del mismo género, la *Rhodobacter sphaeroides*, está siendo usada extensamente en la generación de biohidrógeno [41, 47, 63].

Por otro lado, muchos estudios han mostrado que algunos cultivos mutantes pueden ser aislados y muestran capacidades de producción de hidrógeno mejoradas, comparados con la variedad salvaje [22, 98, 101].

La fotoproducción de hidrógeno es debida a la enzima nitrogenasa, la cual, en ausencia de substratos alternativos, es capaz de reducir protones a hidrógeno [46].

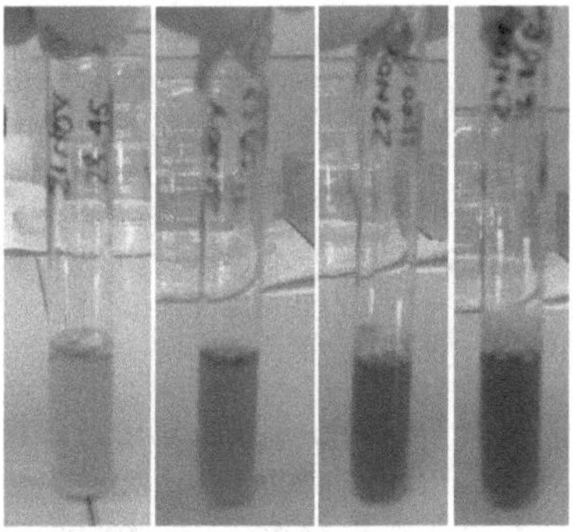

Figura 20. Fotografía de un cultivo liquido de la bacteria *Rhodobacter capsulatus*, mostrando su crecimiento respecto al tiempo.

Bacteria

Proteobacter

Alphaproteobacter

Rhodobacterale

Rhodobacteracea

R. apigmentum, R. azotoformans, R. blasticus, ***R. capsulatus****, R. gluconicum, R. litoralis, R. massiliensis, R. sphaeroides, R. veldkampii*

Figura 21. Clasificación taxonómica de la bacteria *Rhodobacter capsulatus* [100].

Las condiciones anaerobias, así como altas intensidades luminosas son requeridas, además de un substrato que sea metabolizado eficientemente. Las mayores velocidades de producción de hidrógeno toman lugar en células alimentadas con DL-lactato o piruvato como fuente de carbono y energía, y glutamato como fuente de nitrógeno limitadora de crecimiento [84, 94]. El lactato fue convertido a hidrógeno y dióxido de carbono con un rendimiento del 72% del máximo teórico. Otros ácidos orgánicos dieron velocidades y rendimientos de conversión a hidrógeno ligeramente menores, mientras que los azucares fueron utilizados menos eficientemente. La velocidad de producción de hidrógeno puede ser duplicada si el crecimiento se realiza en un cultivo continuo limitado de nitrógeno [46], y rendimientos cercanos al 80% fueron obtenidos.

Sin embargo, aun no se conocen completamente los mecanismos reguladores que determinan la eficiencia de la producción de hidrógeno partiendo de diferentes substratos.

Además de la nitrogenasa, la *R. capsulata* posee una hidrogenasa ligada a membrana, la cual parece funcionar exclusivamente en la absorción de hidrógeno. Esta enzima permite a la *R. capsulata* crecer de forma autótrofa en una mezcla de hidrógeno y dióxido de carbono. La hidrogenasa es también sintetizada bajo condiciones de crecimiento heterótrofo, y está presente en los niveles más altos de cultivos productores de hidrógeno, lo cual sugiere que su síntesis esta inducida por el mismo hidrógeno. Sin embargo, el rol fisiológico de la hidrogenasa bajo condiciones heterotróficas es desconocido [46].

En otras bacterias diazotróficas, ha sido sugerido que el rol de la hidrogenasa es la de reciclar el hidrógeno desarrollado por la nitrogenasa, por lo tanto incrementando la eficiencia energética de la reacción de fijación de nitrógeno; o bien, alternativamente, facilitar la protección de nitrogenasa contra el oxígeno, permitiendo al hidrógeno funcionar como un substrato para la cadena de respiración aerobia. En la *R. capsulata* puede servir como substrato para la respiración aerobia, participar en la fotoreducción del dióxido de carbono, o actuar como un donador de electrones a la nitrogenasa. Sin embargo, el reciclado del hidrógeno desarrollado por la nitrogenasa ha sido observado solamente en células saturadas de substratos orgánicos, lo cual sugiere que el reciclado de hidrógeno es despreciable en cultivos que producen activamente hidrógeno [46].

Numerosos procariotes pueden utilizar y producir hidrógeno a través de la acción de las hidrogenasas, las cuales han sido comparadas a electrodos reversibles de hidrógeno, en los cuales un metal como el platino sirve como catalizador. Sin embargo, existen otros organismos donde otros sistemas enzimáticos son los responsables de la oxidación y formación del hidrógeno [84].

Existen por otro lado organismos capaces de desplegar ambas capacidades, ya que pueden utilizar H_2 como agente reductor en el crecimiento fotoautotrófico, y también pueden producir H_2 como el producto principal durante el crecimiento fotoheterotrófico. La bacteria Rhodobacter capsulata emplea controles que aseguran que cuando existen donadores orgánicos de H_2 disponibles, el sistema dependiente de la luz que cataliza la reducción del CO_2 con H_2 (foto reducción), se hace inoperante [84].

Zlatev [23], demostró que a condiciones idénticas de iluminación y concentración lactato/glutamato del substrato, mayores rendimientos de producción de hidrógeno son obtenidos en reactores planos continuos o semicontinuos, en los cuales la superficie de contacto de las bacterias con la luz es maximizada.

La minimización de los costos globales de la producción de hidrógeno por vía biológica necesita por un lado, la concepción de un reactor fotosintético que optimice la producción de hidrógeno; y por el otro, la utilización de bacterias mutantes con mayor capacidad de producción [23].

Además, es posible reducir costos de producción, mediante el uso de substratos que constituyan de por si productos de desecho. Por otro lado, Si la fuente de luz fuera sustituida por luz solar, los costos de operación seria reducidos más aun.

2.4 Electrodo Reversible de Hidrógeno

2.4.1 Electrodo Estándar de Hidrógeno

El electrodo estándar (normal) de hidrógeno SHE (NHE), ha sido comúnmente aplicado durante muchos años como un electrodo de referencia, asumiendo que su potencial es de cero voltios. Está basado en el equilibrio presentado en la siguiente ecuación:

$$2H^{+}(aq) + 2e- = H_2(g) \quad [a]$$

La cual ocurre en condiciones estándar: presión del hidrógeno de 1 bar y concentración del ion hidronio de 1 M/l.
El potencial del electrodo depende de la presión parcial del hidrógeno, y puede ser expresada mediante la ecuación de Nernst como sigue:
.

$$E = E_0 + RT/F (\ln aH^{+} - \ln (pH_2/p_0)^{1/2}) \quad [b]$$

donde:
E_0 es el potencial estándar, el cual es igual a cero, por definición
aH^{+} es la actividad de los iones hidrógeno
pH_2 es la presión parcial del hidrógeno
R es la constante de los gases
T es la temperatura
F es la constante de Faraday
p_0 es la presión estándar (1 bar)

2.4.2 Electrodo Reversible de Hidrógeno

Cuando el equilibrio descrito en la ecuación [a] es alcanzado a condiciones diferentes a las condiciones estándar, incluyendo la composición de la solución, el electrodo es llamado Electrodo Reversible de Hidrógeno (RHE). Su potencial depende del pH de la solución a una presión de H_2 constante, de acuerdo con la ecuación simplificada de Nernst:

$$E_0 = -\ 0.059\ pH \qquad [c]$$

Así como también de la presión de H_2 (concentración del hidrógeno disuelto), a un pH constante; lo cual permite la aplicación del RHE como un electrodo indicador (sensor) para hidrógeno disuelto en condiciones anaerobias. La presencia de agentes oxidantes en la solución en la cual el RHE está inmerso, corrompe el equilibrio descrito en la ecuación [a], y por ende el potencial establecido del electrodo. El RHE es usado con frecuencia como electrodo de referencia en fases orgánicas e inorgánicas, a condiciones de trabajo diversas [102, 103, 104, 105, 106, 107, 108].

Debido a que la producción bacteriana fotosintética de H_2 toma lugar en condiciones anaerobias [109, 22], el electrodo reversible de hidrógeno puede funcionar como un excelente sensor de hidrógeno para la determinación de parámetros cinéticos en tiempo real, en reactores de volumen pequeño. La optimización de las condiciones experimentales necesarias para la maximización de la producción de hidrógeno bacteriano, requiere de un gran número de experimentos; aun cuando la metodología de Diseño de Experimentos es aplicada.

Generalmente es necesario el uso de reactores grandes (5-10 litros), conteniendo grandes cantidades de reactivos, con la finalidad de obtener resultados precisos y confiables acerca del volumen de gas H_2 generado; ya que las velocidades de este proceso son pequeñas (medidas en ml/hr).
Los sensores de hidrógeno existentes están basados en mediciones de resistencia eléctrica. En algunos estudios ha sido descrito un nanocable electrodepositado de paladio, cuya resistencia dependía del hidrógeno adsorbido, el cual es proporcional a su concentración en la fase gaseosa [110, 111].

Desafortunadamente este tipo de sensores no son aplicables en fase liquida. Sin embargo, la aplicación del RHE como sensor de hidrógeno permite la determinación precisa de la velocidad de producción de hidrógeno en reactores de pocos mililitros, solamente con el monitoreo del potencial del RHE, ya que su valor es proporcional a la concentración de H_2 disuelto

MATERIALES Y MÉTODOS

3.1 Generación de Hidrógeno Fotosintético en Reactor

3.1.1 Bacterias y Medio de Cultivo

Los microorganismos utilizados en este estudio fueron dos tipos diferentes de la bacteria *Rhodobacter capsulatus (figura 22)*. El primero de ellos, el B10, corresponde a un tipo silvestre; mientras que el segundo, el IR3, corresponde a una modificación de la bacteria B10 [22, 26, 46]. El medio de cultivo utilizado (*tabla 11*) contiene una base de sales minerales RCV [22, 26, 46], más un tampón fosfato. El substrato utilizado es el lactato de sodio DL en una concentración de 30 mM, mas L-glutamato de sodio en una concentración de 5 mM, como fuente de nitrógeno [23]. El pH fue ajustado a 6.8 con hidróxido de potasio.

Tabla 11. Composición del medio de cultivo utilizado para reproducción y producción fotosintética de hidrógeno con la bacteria *Rhodobacter capsulatus*, tipos B10/IR3.

Medio de Cultivo	
Componente	*Cantidad*
DL-Lactato Na	5.6 g
L-Glutamato Na	0.955 g
Sales Minerales	50 ml
Tampon Fosfato	15 ml
H_2O Destilada	aforar a 1000 ml

Tampon Fosfato	
Componente	*Cantidad*
KH_2PO_4	40 g
K_2HPO_4	60 g
H_2O Destilada	aforar a 1000 ml

Sales Minerales	
Componente	*Cantidad*
Na_2EDTA	0.277 g
$FeSO_4 \cdot 7H_2O$	0.234 g
$MgSO_4 \cdot 7H_2O$	4 g
Oligoelementos	20 ml
$CaCl_2$	1.132 g
Thiamine-HCl	0.02 g
H_2O Destilada	aforar a 1000 ml

Oligoelementos	
Componente	*Cantidad*
$MnSO_4 \cdot H_2O$	0.795 g
H_3BO_3	1.4 g
$CuSO_4 \cdot 5H_2O$	0.02 g
$ZnSO_4 \cdot 7H_2O$	0.12 g
$Na_2MoO_4 \cdot 2H_2O$	0.37 g
H_2O Destilada	aforar a 1000 ml

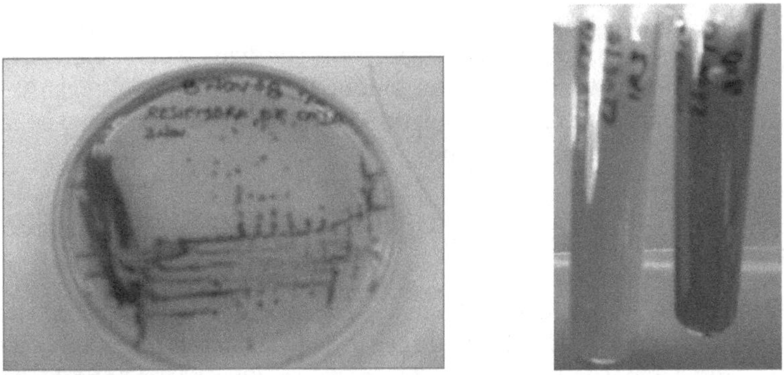

Figura 22. Izquierda: Bacteria *Rhodobacter capsulatus* tipo B10, cultivada en medio sólido. Derecha: Cultivo en medio líquido de los tipos IR3 (izq.) y B10 (der) de la misma bacteria.

3.1.2 Curvas de Crecimiento

Para la evaluación del crecimiento con respecto al tiempo de los tipos B10 e IR3 de la bacteria *Rhodobacter capsulatus*, dos metodologías fueron aplicadas; un método óptico y un método gravimétrico.

Tubos de vidrio con tapa fueron llenados hasta 1 cm antes del borde, con medio de cultivo líquido (*tabla 11*). Los tubos fueron esterilizados a una temperatura de 220 °F durante 20 minutos y posteriormente fueron inoculados con 200 microlitros del tipo de bacteria correspondiente.

Los tubos fueron llevados a una incubadora a 30°C, con una exposición a una fuente luminosa de dos lámparas de filamento de tungsteno de 75 W cada una. Estos tubos fueron abiertos secuencialmente en función del tiempo transcurrido desde la inoculación, con la finalidad de analizar el desarrollo bacteriano.

En el caso del método óptico, un espectrofotómetro UV-Vis, a una longitud de onda de 660 nm fue utilizado. De esta forma fue determinada la absorbancia en función del tiempo.

En el caso del método gravimétrico, un proceso de centrifugación fue aplicado, seguido de dos procesos de lavado con agua deionizada caliente con centrifugación. La muestra fue entonces sometida a un proceso de secado a 50 °C hasta peso constante. De esta forma fue determinado el peso de la biomasa en función del tiempo.

3.1.3 Reactores

Los reactores utilizados fueron de dos tipos. El primero, un reactor de vidrio de geometría cilíndrica, de 250 ml de capacidad total. El segundo, un reactor de vidrio de geometría plana, también de 250 ml de capacidad total (*figura 23*).

Dos configuraciones de iluminación distintas fueron utilizadas (*figura 24*). La primera de ellas consistió en una lámpara de filamento de tungsteno de 75 watts de potencia, ensamblada en un deflector de luz de aluminio. La luz fue dirigida hacia el interior de una incubadora, donde fueron colocados los reactores en pares B10/IR3 a una intensidad de luz equivalente. La segunda configuración consistió en un par de lámparas de filamento de tungsteno de 75 watts de potencia cada una, colocada una al lado de la otra, en el interior de una incubadora. En el interior de la incubadora fueron identificadas líneas de iluminación constante. Con esta configuración la distribución de la luz en el interior de la incubadora fue más uniforme, de forma tal que fue posible colocar hasta cuatro reactores expuestos a una iluminación equivalente (*figura 25*).

Figura 23. Reactores de vidrio utilizados para la generación de hidrógeno fotosintético. Reactor con geometría cilíndrica a la izquierda, reactor semiplano a la derecha.

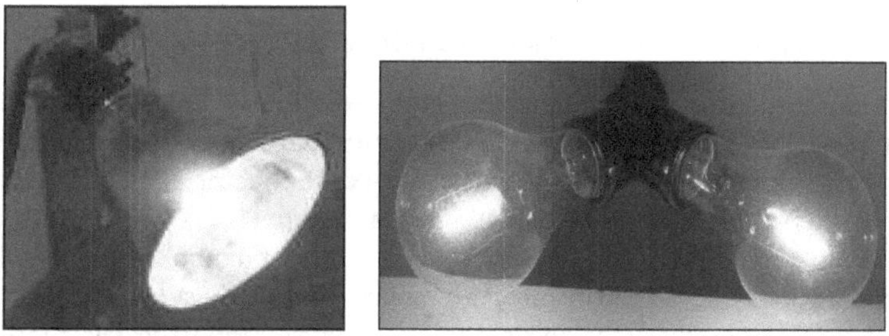

Figura 24. Lámparas de filamento de tungsteno utilizadas como fuente de iluminación artificial para el reactor fotosintético. A la izquierda la configuración de lámpara de 75 W con deflector de aluminio. A la derecha la configuración de dos lámparas de 75 W sin deflector.

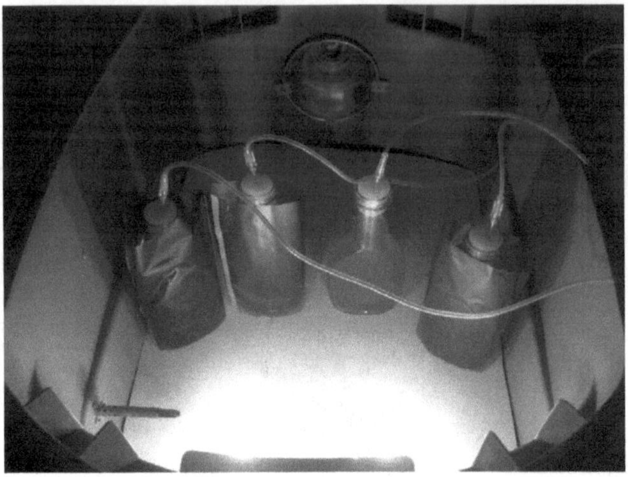

Figura 25. Interior de la incubadora con cuatro reactores de geometría plana, en posiciones con la misma intensidad luminosa incidente. La figura también muestra los filtros de colores utilizados en este estudio.

3.1.4 Preparación de Experimentos de Generación de Hidrógeno

Los experimentos de comparación entre los tipos B10 e IR3, así como la comparación entre geometrías de reactor; fueron llevados a cabo con la configuración de iluminación de lámpara con deflector. Las condiciones de experimentación son mostradas en la *tabla 12*. Por otro lado, los experimentos realizados con filtros de luz, así como los experimentos comparativos de luz artificial y luz solar; fueron llevados a cabo con la configuración de iluminación de dos lámparas sin deflector. Las condiciones experimentales son mostradas en la *tabla 13*. La temperatura de la incubadora fue mantenida en un intervalo de 30 a 35 °C.

Tabla 12. Condiciones de prueba durante los experimentos comparativos de producción fotosintética de hidrógeno entre los tipos B10 e IR3 de la bacteria *R. capsulatus*, y entre la geometría cilíndrica y plana. Estos experimentos fueron iluminados con la configuración de lámpara de filamento de tungsteno de 75 W con deflector de aluminio.

Bacteria	**B10**	**IR3**	**B10**	**IR3**	**B10**	**IR3**	**B10**	**IR3**
Geometria	*cilindro*	*cilindro*	*plano*	*plano*	*plano*	*plano*	*plano*	*plano*
Volumen (ml)	250	250	245	245	245	245	245	245
Intensidad Luminosa (lux)	2500	2500	2500	2500	5000	5000	17,000	17,000
Distancia a fuente de luz (cm)	50	50	50	50	26	26	10	10

Tabla 13. Condiciones de prueba durante los experimentos comparativos de producción fotosintética de hidrógeno entre los diferentes filtros aplicados alrededor del reactor plano, con la bacteria *R. capsulatus* IR3. Estos experimentos fueron iluminados con la configuración de dos lámparas de filamento de tungsteno de 75 W sin deflector.

Color de Filtro	**Sin Filtro**	**Rojo**	**Verde**	**Azul**
Bacteria Tipo	IR3	IR3	IR3	IR3
Geometria	plano	plano	plano	plano
Volumen de Reactor (ml)	245	245	245	245
Intensidad Luminosa (Lux)	5000	5000	5000	5000

Para los experimentos comparativos de luz solar vs luz artificial, la luz solar incidente mostro una intensidad variable desde 90,000 hasta 115,000 luxes. Durante periodos de sombra cortos, durante los cuales el reactor recibía luz solar difusa, la intensidad fluctuó de 6,000 a 10,000 luxes. Una vez interrumpida la luz solar, los reactores fueron llevados a la incubadora con luz artificial con una iluminación de 5,000 luxes, hasta que la luz solar estuvo disponible nuevamente, realizando ciclos luz solar/lámpara de tungsteno, hasta la finalización del proceso de producción de hidrógeno. Las bacterias utilizadas fueron los tipos B10 e IR3. Durante estos experimentos la temperatura del medio de cultivo fue variada de forma escalonada, desde los 30°C hasta los 50 °C, con el objetivo de evaluar la

Figura 26. Reactor plano en un baño de temperatura controlada, durante la etapa de producción fotosintética de hidrógeno con luz solar.

generación de hidrógeno en condiciones de temperatura comunes en la región de Mexicali, B.C; así como la temperatura máxima de viabilidad de la bacteria en cuestión. La temperatura de los reactores fue controlada mediante un baño de agua (*figura 26*).

El medio de cultivo y los reactores fueron esterilizados dentro de una autoclave. Después de la inoculación, la boca de cada reactor fue tapada con un tapón de silicón estéril. En este tapón fue insertada una aguja de calibre grueso, con la finalidad de inyectar nitrógeno y burbujearlo en el medio de cultivo. Una segunda aguja fue insertada para permitir al oxígeno desplazado abandonar el sistema, y generar una atmosfera anoxigénica (*figura 27*). Posteriormente, solo una aguja fue dejada dentro del sistema, a la cual fue conectada una manguera destinada a transportar el biogás hasta el sistema de medición. Este sistema fue construido con una probeta graduada colocada con la boca hacia abajo en el seno de un líquido conteniendo hidróxido de calcio. La manguera fue insertada dentro de la probeta con el objetivo de burbujear el biogás generado en el reactor, y eliminar el dióxido de carbono presente a través de la reacción de formación de carbonato de calcio insoluble (*figuras 28 y 29*).

Figura 27. Detalle de la inserción de aguja de calibre grueso para burbujeo de nitrógeno en el medio de cultivo, al lado de una aguja para desalojar nitrógeno así como los gases desplazados al exterior (arriba). Un recipiente de plástico conteniendo nitrógeno fue conectado a la aguja de burbujeo a través de una manguera de plástico transparente (abajo).

Figura 28. Vista general del acoplamiento del bio-reactor con el sistema de medición de hidrógeno para dos reactores (arriba) y para cuatro reactores (abajo). El líquido en la probeta está saturado con hidróxido de calcio. El biogás generado en los reactores es burbujeado en el seno de este líquido.

Figura 29. Detalle de la inserción de la manguera que conduce el biogás al interior del sistema medidor de hidrógeno.

3.2 Generación de Hidrógeno con Suero de Leche de Vaca

3.2.1 Preparación del Suero

El suero de leche de vaca utilizado en este estudio fue recolectado de una granja familiar de productos lácteos en el Ejido Nuevo León del Valle de Mexicali.
La grasa sobrenadante fue retirada mediante un proceso de derramamiento por flotación. El suero fue posteriormente esterilizado, para inoculación con los tipos B10 e IR3 de la bacteria *Rhodobacter capsulatus*.

Debido a que la esterilización del suero de leche genero una gran turbidez en el interior de los tubos de cultivo debido a la coagulación de proteína, dos estrategias fueron llevadas a cabo para la eliminación de la turbidez.

La primera de ellas consistió en el filtrado del medio de cultivo ya esterilizado, con una segunda etapa de esterilización. La segunda estrategia consistió en un proceso de acidificación con HCl grado reactivo diluido al 15% vol., seguido de un proceso de decantación y filtrado, previo al proceso de esterilización.

3.2.2 Fermentación Previa

Después de la inoculación, los tubos de cultivo fueron llevados a la incubadora, a una temperatura de 30 °C con exposición a la configuración luminosa de dos lámparas de tungsteno de 75 W. Debido a la falta de generación de biogás a pesar del desarrollo de la bacteria en el medio de cultivo, un proceso previo de fermentación fue realizado, bajo la hipótesis de transformar toda la lactosa presente en el suero de leche en acido láctico, aprovechable para la generación de biohidrógeno.

Previo al proceso de filtrado y esterilización, el suero de leche fue mantenido en una incubadora a 30 °C en oscuridad durante dos días. Una variante de este proceso fue realizada, en la cual un inoculo de lactobacilos acidophillus comercial en suero de leche fue realizado, y mantenido en incubadora bajo las mismas condiciones de temperatura y tiempo.

3.3 Electrodo Reversible de Hidrógeno

3.3.1 Reactivos

Todos los reactivos empleados en los experimentos fueron de pureza grado analítico. Las soluciones fueron preparadas con agua deionizada generada con una instalación de osmosis inversa Milli Q (Millipore, USA).
El electrolito de trabajo empleado para la determinación de las características del electrodo reversible de hidrógeno como sensor de hidrógeno, fue acido sulfúrico 1M de Sigma.

3.3.2 Características del RHE

La determinación de las características del electrodo reversible de hidrógeno como sensor de hidrógeno fue llevada a cabo utilizando un electrodo de anillo de platino con un recubrimiento de platino negro. Este electrodo es parte de una celda conductimétrica YSI modelo 3401, la cual contiene dos electrodos de anillo iguales.

La celda fue sumergida verticalmente casi hasta el fondo de un vaso de precipitado de 100 ml, conteniendo una solución de acido sulfúrico 1M. El electrodo de anillo de platino más cercano al fondo fue utilizado como cátodo para la generación de hidrógeno, el cual fue conectado a la terminal negativa de una fuente de poder controlada.

Un electrodo de alambre de platino Fisher Cat#13-639-123 fue utilizado como ánodo, conectado a la terminal positiva, sumergida en la solución 1M de H_2SO_4, aunque por fuera de la celda conductimétrica, una pulgada por encima del fondo del vaso; para prevenir la entrada del oxígeno generado al interior de la celda y que este se mezcle con el hidrógeno generado en el interior de la misma.

El electrodo de platino colocado más arriba fue utilizado como electrodo indicador (sensor de hidrógeno), conectado a una entrada de alta impedancia de un medidor Orion/Thermo pH/mV, modelo 420AYokogawa.

Un sistema Ag/AgCl 3M de KCl fue utilizada como electrodo de referencia. El hidrógeno generado en el anillo de platino inferior de la celda se transporto hacia arriba, alcanzando el electrodo indicador, determinando así su potencial, de acuerdo a la concentración de hidrógeno.

El diseño del sistema experimental está ilustrado en la *figura 30.*

El mismo diseño fue utilizado en los experimentos con la producción bacteriana de hidrógeno. El vaso conteniendo la celda conductimétrica, el ánodo de platino y el electrodo de referencia; fue colocado en un cilindro de plástico cerrado en una atmosfera con flujo de nitrógeno. El medio de cultivo de las bacterias fue mantenido a baja presión a una temperatura de 40 $^{\circ}C$ durante 24 horas, con la finalidad de remover el oxígeno disuelto. La purga con flujo de nitrógeno no puede ser aplicada, ya que la solubilidad del nitrógeno es un poco mayor a la del hidrógeno, el cual no es capaz de desplazar al nitrógeno durante la generación del biogás.

3.3.3 Determinación del volumen generado de Hidrógeno

Un potencial de 2.3 V fue aplicado entre el electrodo de platino generador, situado en la parte inferior de la celda conductimétrica; y el ánodo exterior, resultando en la generación de hidrógeno en el interior de la celda conductimétrica. La masa del hidrógeno generado, así como su volumen, fue calculado mediante la aplicación de la ley de Faraday, utilizando la cantidad de corriente evaluada por integración de la curva *i-t*. La corriente fue monitoreada aplicando un convertidor de corriente a voltaje construido en el laboratorio, acoplado a un sistema de adquisición de datos National Instruments USB 6009, utilizando el software National Instruments Lab View 8.0.

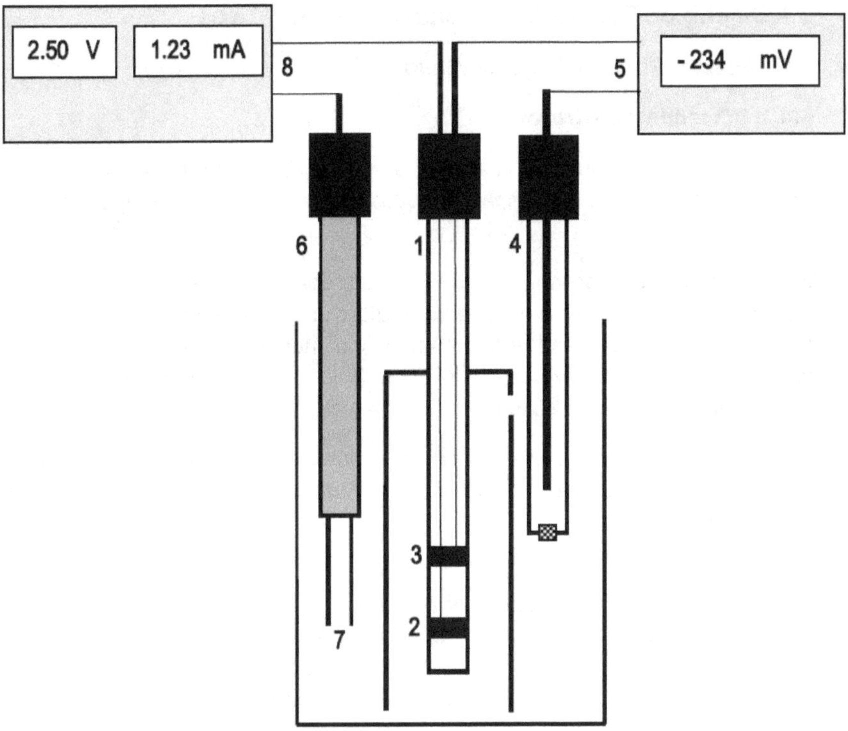

Figura 30. Diseño del sistema experimental para la determinación del electrodo reversible de hidrógeno como sensor de hidrógeno.

3.4 Diseño de Reactores Biológicos Fotosintéticos

3.4.1 Reactor Plano de Flujo Continuo

3.4.1.1 Diseño y Construcción

El reactor fue construido con placas de plexiglás comercial, de 1/8 de pulgada de espesor. Los espacios fueron cerrados con una disolución de plexiglás en cloroformo.

Fue utilizada una bomba de rotor magnético, de 24 V nominales de operación, para lograr la circulación/agitación del medio de cultivo en el seno del reactor. Fue utilizada también una fuente de poder con potencial variable, con el objetivo de calibrar el flujo de la bomba respecto a las propiedades de flujo de salida.

El reactor piloto fue diseñado tomando como base el área de irradiación luminosa de una lámpara de tungsteno. Fue utilizado un diseño plano de flujo laminar.

La *figura 31* muestra el diseño de planta del reactor, el cual posee dos cámaras. La cámara 'b' está diseñada para estar siempre llena, y crear un flujo laminar sobre la superficie de la placa que divide ambas cámaras. El fluido cae en el fondo de la cámara 'a', y es jalado hacia fuera por la bomba, con el propósito de mantener una recirculación que mantenga el fluido homogéneo.

Cuando el substrato con la bacteria se deslice sobre la placa, esta será expuesta a la luz por una fracción de segundo, para luego pasar a una zona de menor iluminación.

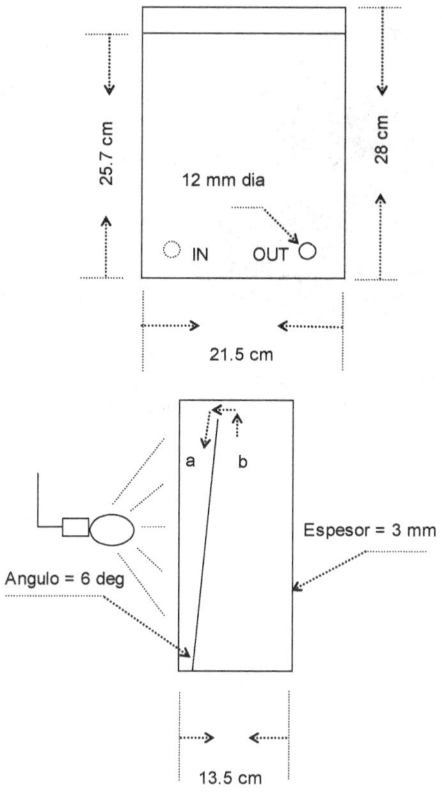

Figura 31. Diseño del reactor fotosintético plano de flujo laminar, mostrando la vista frontal (arriba) y la vista lateral (abajo).

La *figura 32* muestra imágenes del sistema del reactor en operación, junto con la bomba de rotor magnético, la fuente de poder, y la lámpara. La segunda imagen muestra el flujo laminar, deslizándose por la placa que divide ambas cámaras.

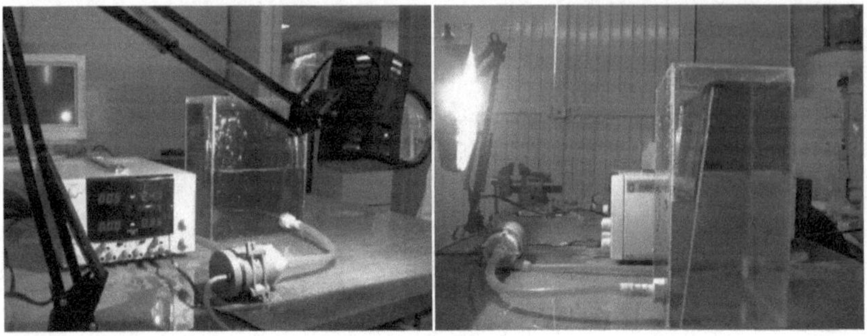

Figura 32. Imágenes del sistema de reactor en caracterización hidrodinámica, junto con fuente de poder, lámpara y bomba magnética. En la figura de la izquierda es posible apreciar la capa delgada de flujo laminar de mayor exposición a la fuente luminosa.

3.4.1.2 Caracterización Hidrodinámica del Reactor

La inducción de ciclos de luz/oscuridad puede mejorar la eficiencia fotoquímica del proceso (73). El flujo volumétrico entonces, debe ser regulado con el propósito de investigar el efecto del tiempo de exposición a una mayor intensidad luminosa sobre la producción de hidrógeno. A partir de esta caracterización, es posible también controlar el espesor de la capa de flujo laminar y por lo tanto modificar la homogeneidad de la distribución de la luz.

Finalmente, si se combina el conocimiento del espesor de la capa de flujo laminar, con el conocimiento de la población bacteriana en el interior del reactor, es posible conocer la densidad poblacional bacteriana en la placa de flujo. Con el propósito de conocer el cambio del flujo volumétrico con respecto al voltaje aplicado a la bomba de rotor magnético, una curva de calibración fue realizada.

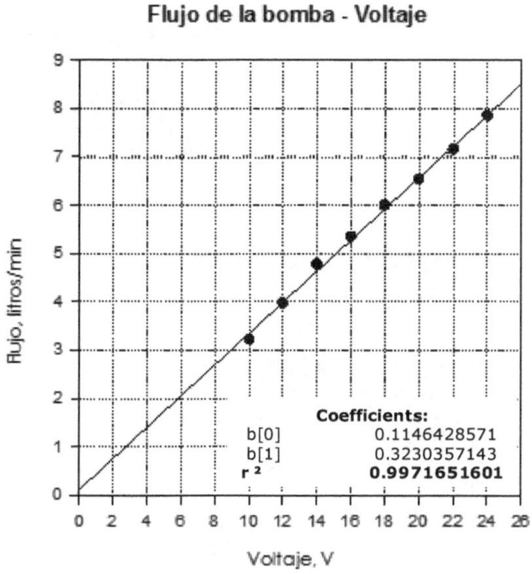

$$Q\ (lt/min) = 0.1146 + 0.3230V(volts)$$

Figura 33. Gráfica de caracterización hidrodinámica del sistema de reactor.

De esta forma, es posible controlar el flujo volumétrico con el voltaje de la bomba, de una forma más precisa.

La *figura 33* muestra la grafica flujo volumétrico vs. voltaje, la cual se ajusta a una línea recta con un coeficiente de correlación R = 0.997.

La prolongación de esta línea recta cruza por el origen, lo cual también demuestra que la capacidad de predecir el flujo volumétrico a través del voltaje aplicado a la bomba es adecuada.

Velocidad lineal en placa

$$V = \frac{Q}{W \times e} = \frac{19.1 + 53.8V(cm^3/s)}{We(cm^2)}$$

Tiempo de Residencia en la placa

$$\tau_h = \frac{21.5 \times e \times l}{19.1 + 53.8V}, (s)$$

Q =flujo volumetrico (cm^3/s).
W =ancho del reactor (cm).
e =espesor de capa hidraulica (cm).
V = voltaje de la bomba (Volts),
L =longitud de placa divisoria (cm).
τ_h=tiempo de residencia en placa de flujo laminar. El subindice 'h' se refiere a que el medio se expone a una intensidad luminosa alta cuando pasa por esta placa.

Figura 34. Ecuaciones desarrolladas para el cálculo de la velocidad lineal y del tiempo de residencia de las bacterias en la placa interna del reactor.

Numero de Reynolds

$$Re_h = \frac{D_h \times V \times \rho}{\mu}$$

$$D_h = 4 \times \frac{area\ de\ flujo}{perimetro\ humedo} = 2\ cm$$

$$Re_h = 1880 \quad \textit{Laminar}$$

(a)

Ciclo de Menor Exposición

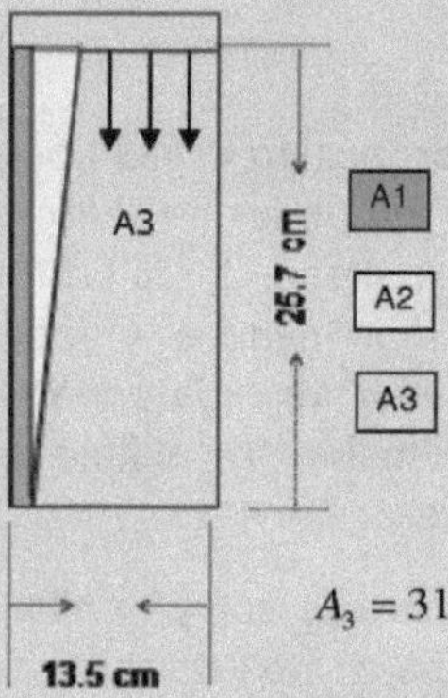

$$A_3 = 315.4\ cm^2$$

$$Vol_3 = A_3 \times W = 6781\ cm^3$$

$$\tau_l = \frac{Vol_3}{Q} = \frac{6781\ (cm^3)}{19.1 + 53.8V\ (cm^3/s)}$$

Vol_3 = volumen de area de menor exposicion a la luz.

τ_l = tiempo de residencia en area de menor exposicion a la luz.

(b)

Figura 35. Ecuaciones desarrolladas para el cálculo del numero de Reynolds (a) y del tiempo de residencia de las bacterias el área de menor exposición a la luz dentro del reactor (b).

Las *figuras 34 y 35(b)* muestran las ecuaciones desarrolladas para el cálculo del tiempo de residencia de las bacterias, tanto en la zona de mayor exposición a la luz, como en la zona de 'obscuridad'.

La *figura 35(a)* muestra el cálculo del Número de Reynolds. Para un voltaje de la bomba igual a 12 V, el flujo volumétrico es de 4 l/min, mientras que el Reynolds correspondiente es de 1880 el cual se encuentra en la zona de flujo laminar.

3.4.2 Reactor Solar de Lecho Empacado

3.4.2.1 Diseño del Reactor

El reactor fotosintético solar propuesto es del tipo continuo, con geometría cilíndrica de lecho empacado con perlas de vidrio. El empacado del reactor es incluido con el propósito de incrementar la profundidad de la penetración de la luz solar. Al mismo tiempo tiene el objetivo de crear una película liquida de flujo laminar alrededor de cada perla, para la verificación de la reacción biológica (*figura 36*). Finalmente, el flujo de recirculación permite la homogenización del caldo de reacción.

El cuerpo del reactor será construido con plexiglás comercial, y el empaque de perlas de vidrio común. Una bomba de rotor magnético operada a 12V será utilizada para recircular el medio líquido a través de una manguera multicapa. Los materiales tales como acero, plexiglás, cables de conexión, bombas, etc., serán de postconsumo.

El diseño propuesto del reactor puede ser subdividido en los siguientes sistemas: i) reactor (lecho empacado de flujo laminar); ii) sistema de control de la temperatura; iii) sistema de iluminación solar; iv) sistema de agitación; y v) sistema de recolección de biogás (*figura 39*).

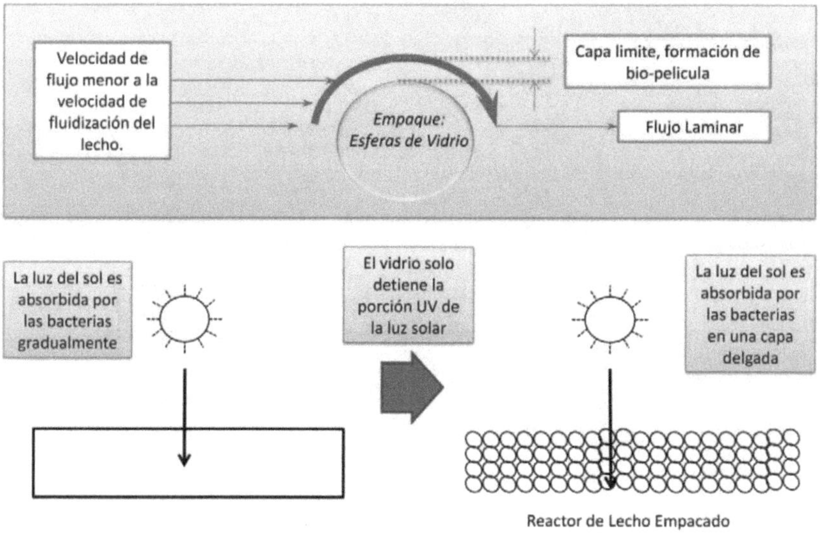

Figura 36. Esquema del reactor cilíndrico de lecho empacado con esferas de vidrio, mostrando la formación esperada de una biopelícula en la superficie de las esferas.

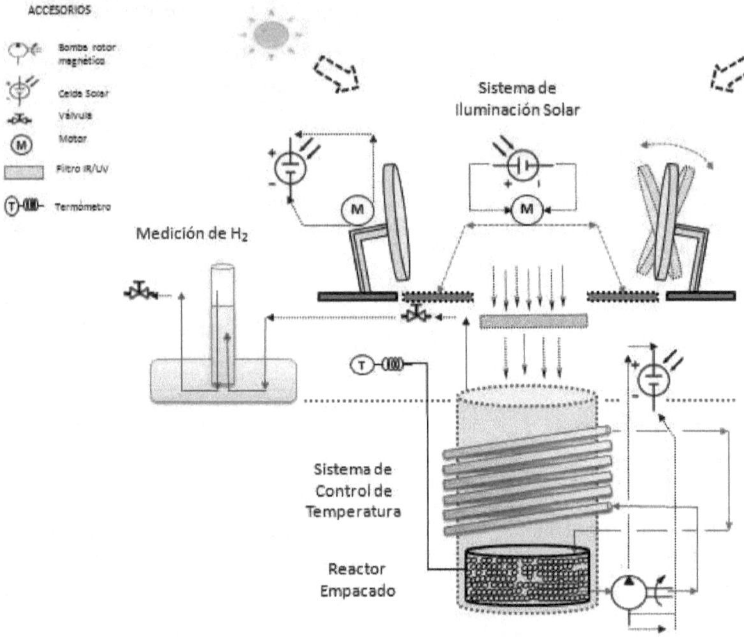

Figura 37. Esquema general del diseño del reactor fotosintético solar de producción de hidrógeno y sus subsistemas.

El reactor será colocado en un orificio cavado en la tierra de forma perpendicular a la superficie, con el propósito de mantener un control de la temperatura con bajo consumo de energía. La geometría del orificio es cilíndrica, de 40 cm de diámetro por 120 cm de profundidad. El fluido dentro del reactor será recirculado a través de un serpentín de manguera multicapa PEX-Al-PEX de 0.5 in de diámetro interno, colocada de forma subterránea con el objetivo de reducir la temperatura en el interior del reactor (*figuras 37 y 38*). El sistema de recolección de hidrógeno consistirá en un recipiente de vidrio de forma cilíndrica alargada, colocado con la apertura hacia abajo. El tubo estará parcialmente lleno de una solución salina de hidróxido de calcio, con el objetivo de hacer reaccionar el dióxido de carbono que pueda formarse junto con el hidrógeno, debido a la presencia de oxígeno disuelto en el medio. El volumen de hidrógeno generado estará dado por el volumen desplazado de la solución de hidróxido de calcio en el interior del tubo invertido (*figura 39*).

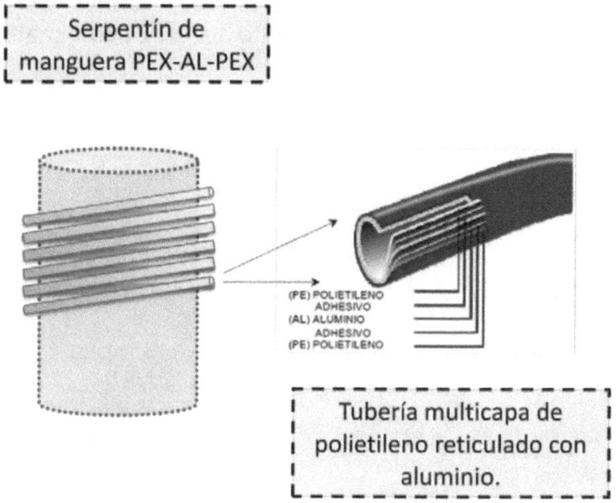

Figura 38. Detalle de la manguera multicapa que es parte del sistema de enfriamiento propuesto en este diseño.

El medio de cultivo será impulsado por una bomba de rotor magnético, a un potencial de operación de 10V. La energía para la operación de esta bomba procederá de una celda solar, con el propósito de mantener la sustentabilidad del sistema y al mismo tiempo mantener los costos de operación bajos. Con el propósito de evitar los problemas potenciales de contaminación y muerte bacteriana por corrosión, una tubería PEX-Al-PEX, la cual es una tubería multicapa de polietileno reticulado liso y aluminio (*figura 38*). La capa interna de polietileno reticulado evita la formación de fuentes contaminantes tales como la corrosión, y al mismo tiempo provee una superficie que evita la adherencia de bacterias. Además de eso, este material provee resistencia a diversos ácidos y álcalis. La capa interna de aluminio evita la permeabilidad del aire hacia el interior del tubo, y mejora la transferencia de calor a través de la pared del mismo. La energía luminosa será llevada al interior del reactor con ayuda de un espejo móvil. La señal de movimiento del espejo será generada por dos sensores fotosensibles colocados en los extremos del espejo. Un amperímetro diferencial determinara la dirección del movimiento en dos coordenadas diferentes (*figura 39*).

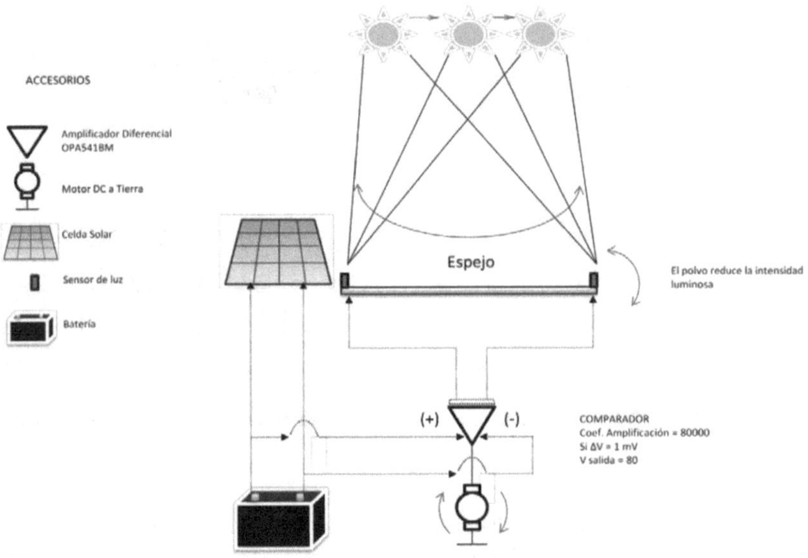

Figura 39. Sistema de direccionamiento solar, el cual cambia de posición a medida que la posición del espejo con respecto al sol cambia en el transcurso del día.

El diseño del sistema de direccionamiento solar incluye una celda fotovoltaica, la cual se conecta a una batería; la cual proporciona la energía para el movimiento del motor.

El motor se conecta a un amperímetro diferencial, el cual determina la diferencia de las señales eléctricas generadas en sensores de luz colocados en los extremos del espejo. De esta forma, cuando existe una diferencia entre la intensidad luminosa recibida, el motor mueve al espejo, hasta que la diferencia es anulada.

RESULTADOS Y DISCUSIÓN

4.1 Curvas de Crecimiento

El estudio comparativo de crecimiento de las bacterias *R. capsulatus* tipo silvestre (B10) y modificada (IR3), fue realizado en condiciones anaeróbicas, y con exposición a la luz de dos lámpara de filamento de tungsteno de 75W, a una temperatura de 30 °C. La *figura 40* muestra los resultados obtenidos de absorbancia de luz a una longitud de onda de 660nm, con respecto al tiempo.

Las curvas de crecimiento muestran básicamente tres etapas, una de crecimiento lento o adaptación, seguida por una etapa de crecimiento rápido y finalmente una etapa estacionaria. Este comportamiento es el mismo cualitativamente para ambos tipos de bacteria. Sin embargo, en la etapa estacionaria la absorbancia de luz de los cultivos silvestres es mayor a la absorbancia de los cultivos modificados, lo cual sugiere una mayor población bacteriana.

Los resultados de medición de biomasa con respecto al tiempo (*figura 41*), confirman los resultados obtenidos con absorbancia. Esta menor población de la bacteria IR3 sugiere que el consumo de medio nutritivo es menor, y que eventualmente la producción de biogás podría ser mayor. La observación cualitativa de los cultivos en este estudio muestra que la generación de burbujas, la cual es un efecto de la producción de biogás; comienza precisamente al inicio de la etapa estacionaria de crecimiento de ambos tipos de bacteria.

Por otro lado, la diferencia en la población bacteriana de ambos tipos de bacteria, en el momento de alcanzar la fase estacionaria; puede representar que el nivel de consumo de medio de cultivo (especialmente del lactato), es mayor para la bacteria silvestre y que por tanto; el lactato disponible para su transformación en hidrógeno es menor.

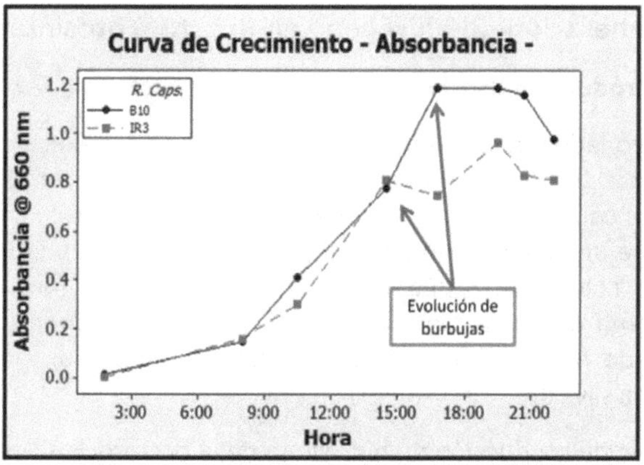

Figura 40. Curvas de crecimiento de las bacterias *R. capsulatus* tipo B10 e IR3, en función de la absorbancia de luz a 660nm. La evolución de burbujas de biogás comienza en la etapa estacionaria de crecimiento. La absorbancia del tipo B10 es mayor a la del tipo IR3 en esta etapa.

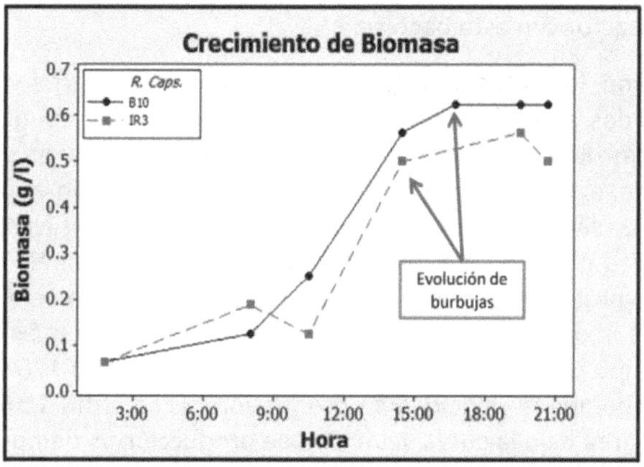

Figura 41. Curvas de crecimiento de las bacterias *R. capsulatus* tipo B10 e IR3, en función de la biomasa. La evolución de burbujas de biogás comienza en la etapa estacionaria de crecimiento. La concentración de biomasa del tipo B10 es mayor a la del tipo IR3 en esta etapa.

4.2 Generación de Hidrógeno en Reactor Fotosintético

4.2.1 Producción de Hidrógeno por Tipo de Bacteria

Por otro lado, los experimentos de producción y medición de hidrógeno en reactores fotosintéticos con luz de lámpara; muestran que efectivamente bajo las condiciones de experimentación ya definidas, la bacteria modificada produce un volumen de hidrógeno mayor (*figura 42*). Cuando los reactores fueron colocados a una distancia de 50 cm del foco de filamento de tungsteno de 75 W con un deflector de luz, el volumen total de hidrógeno generado fue de 419 ml para la bacteria modificada, y de 302 ml para la bacteria silvestre.

La curva de producción de hidrógeno de la bacteria B10 se caracteriza por la presencia de una etapa de evolución rápida de biogás, seguida por una etapa de decaimiento. Por otro lado, la bacteria IR3 tarda un poco más en iniciar la etapa de producción rápida de hidrógeno, pero la pendiente es mayor, lo que significa que la velocidad máxima de producción debe ser mayor para la bacteria modificada. Además, la etapa de producción rápida es más larga para la bacteria IR3. Es por ello que el volumen total de hidrógeno es mayor en el reactor con esta bacteria.

Asimismo, los datos de velocidad promedio de cada intervalo de puntos son mostrados en la *figura 43*. Es posible observar que aunque las velocidades máximas de producción de hidrógeno son muy cercanas en ambos tipos de bacteria, el decaimiento de la velocidad de producción es más rápido para la bacteria silvestre. Por ejemplo, para la bacteria silvestre, el punto de velocidad máxima es alcanzado a un tiempo de 25 horas. Después de 75-80 hrs de iniciada la prueba, la velocidad de producción es de 1 ml/hr. Para el caso de la bacteria modificada, el punto de velocidad máxima es alcanzado a un tiempo de 50 horas, pero es hasta después de 160-170 horas del inicio de la prueba que la velocidad de producción decae hasta 1 ml/hr. Esto significa que el área bajo la curva velocidad de producción vs tiempo es mayor para el tipo IR3.

La velocidad máxima de producción de hidrógeno es mayor para la bacteria silvestre, de 5.79 ml/hr contra 5.40 ml/hr de la bacteria modificada. Sin embargo, la velocidad promedio de generación de hidrógeno es mayor para el caso de la bacteria modificada (2.27 ml/hr), que el de la bacteria silvestre (1.60 ml/hr). Estos datos son consistentes con los datos del volumen total generado (*tabla 14*). Esta tabla muestra los resultados de velocidades máxima y promedio de producción, así como el volumen total y el rendimiento de conversión de substrato en hidrógeno; en función de la distancia de los reactores a la fuente de luz.

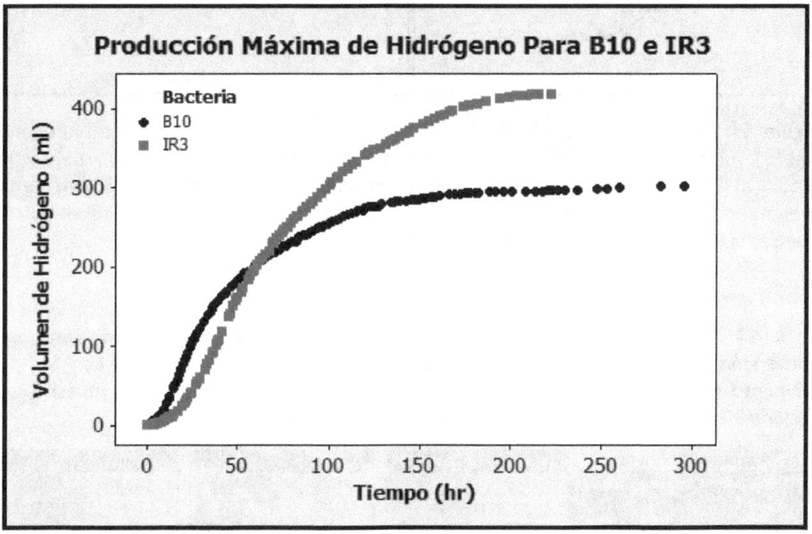

Figura 42. Gráfica de volumen generado de hidrógeno(ml), en función del tiempo(h), durante los experimentos realizados con lámpara de filamento de tungsteno como fuente de luz, para la bacteria tipo silvestre(izquierda), y la bacteria modificada(derecha). Los reactores fueron colocados a una distancia de 50 cm de la fuente de iluminación. Los datos muestran un volumen total de producción mayor para la bacteria tipo IR3.

Para cada una de las distancias evaluadas, el rendimiento de conversión es mayor para la bacteria modificada. Cuando los reactores fueron colocados a la distancia mínima de 10 cm respecto a la lámpara con deflector, la temperatura de los reactores aumento hasta 45 °C. La bacteria silvestre no mostro crecimiento en estas condiciones (*tabla 15*).

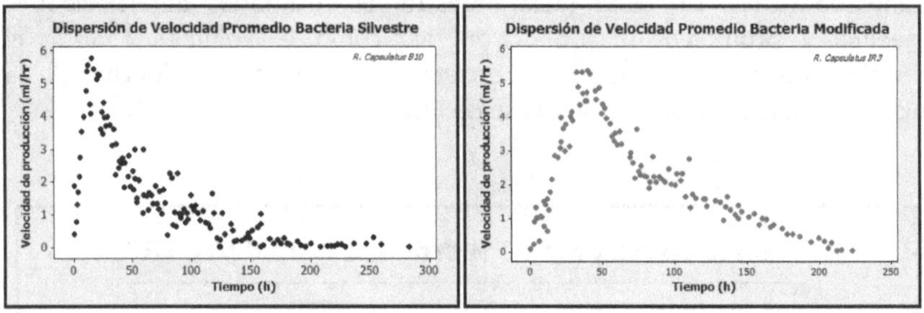

Figura 43. Gráfico de dispersión de la velocidad promedio de producción de hidrógeno (ml/hr), para la producción de hidrógeno de la bacteria silvestre (izquierda), y la modificada (derecha). Los reactores fueron colocados a una distancia de 50 cm de la fuente de iluminación. La velocidad máxima alcanzada es mayor con la bacteria silvestre, aunque la velocidad promedio es mayor con la bacteria modificada.

Tabla 14. Resultados de velocidad de producción, producción total y rendimiento de conversión de substrato para las pruebas de producción de hidrógeno con luz de filamento de tungsteno y un deflector de luz. La bacteria modificada IR3 muestra un mejor desempeño con respecto a la bacteria silvestre B10.

VARIABLES DE CONTROL	B10	IR3	B10	IR3	B10	IR3
Intensidad Luminosa (lux)	2500	2500	5000	5000	17,000	17,000
Distancia a la fuente de luz (cm)	50	50	26	26	10	10
Temperatura	35	35	38	38	45	45
VARIABLES DE RESPUESTA	B10	IR3	B10	IR3	B10	IR3
Velocidad Máxima de producción de H2 (ml/hr)	**5.79**	5.40	**6.90**	6.51	0.00	**6.67**
Volumen Total producido (ml)	302	**419**	135	**246**	0	**128**
Velocidad promedio de producción de H2 (ml/hr)	1.60	**2.27**	1.40	**2.29**	0.00	**2.82**
Rendimiento de conversión de substrato	30.1	**41.7**	13.4	**24.5**	0.0	**12.7**

4.2.2 Producción de Hidrógeno e Intensidad Luminosa

En cuanto a la influencia de la intensidad luminosa, o bien la distancia de los reactores respecto a la fuente de luz, el volumen mayor de hidrógeno fue obtenido a la mayor distancia utilizada en este estudio. La *figura 44* muestra la evolución del volumen de hidrógeno con respecto al tiempo para la bacteria *R. capsulatus* tipo IR3, a tres distancias de ubicación del reactor.

A pesar de que la pendiente de la curva correspondiente a la distancia mínima (10 cm), mostro ser la más grande (*tabla 14*), la duración de esta etapa de producción rápida fue mucho más corta y por ende, la velocidad media de producción fue menor respecto a las distancias de ubicación mayores.

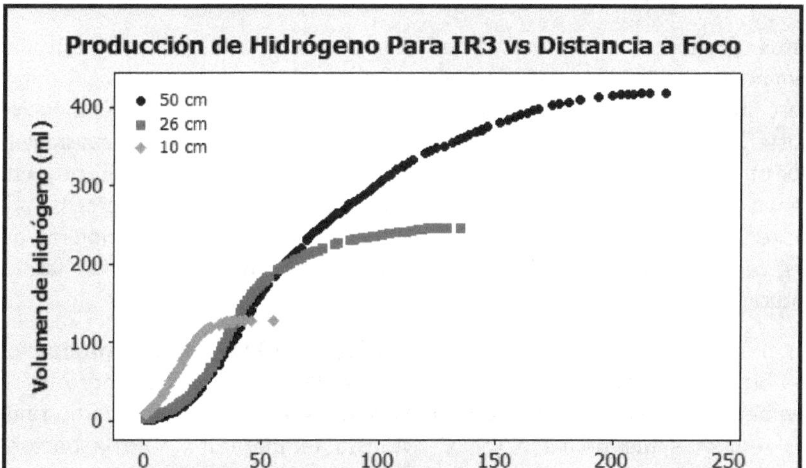

Figura 44. Gráfica de volumen de hidrógeno producido por la bacteria modificada (IR3), en función del tiempo y de la distancia con respecto a la fuente de iluminación (lámpara de filamento de tungsteno de 75 W con deflector).

Además, el promedio del rendimiento de conversión se incrementa con la distancia de los reactores respecto a la fuente de luz (*figura 45*). Estos resultados establecen que la intensidad de la luz recibida es un factor importante en la capacidad de conversión de lactato a hidrógeno de la bacteria *R. capsulatus* tipos B10 e IR3. Asimismo, los datos sugieren la presencia de procesos inhibitorios en la conversión a hidrógeno, cuando la intensidad luminosa alcanza un límite, y que es posible encontrar un punto máximo de conversión antes de alcanzarlo.

Sin embargo, los resultados de la velocidad de producción en función de la distancia indican para ambos tipos de bacteria, que la velocidad disminuye con la distancia (*figura 46*), aunque de forma distinta. Para la bacteria modificada, las velocidades promedio de producción calculadas para las distancias de 26 y 50 cm (2.29 y 2.27 ml/hr), son similares, mientras que a la distancia de 10 cm, una velocidad de producción de 2.82 ml/hr fue obtenida.

Estos resultados también respaldan el hecho de que una mayor intensidad luminosa puede promover una mayor producción de hidrógeno al inicio, pero inhibe a la misma en el corto plazo, por lo cual una disminución posterior de la intensidad de la luz podría evitar el fenómeno de saturación. Por otro lado, el fenómeno de saturación podría ser reducido mediante una agitación constante, ya que mientras las capas de bacteria más cercanas a la luz reciben una intensidad alta, lo cual las conduciría a una saturación rápida; las capas interiores recibirían una intensidad menor, evitando así la saturación.

En el caso de la bacteria B10, a una distancia de 10 cm no hubo producción de biogás. Un factor que interactúa con la intensidad luminosa es la temperatura del reactor, ya que a una distancia de 10 cm, la temperatura de los reactores fue de 42 a 45 $^{\circ}C$. A esta temperatura, solo la bacteria modificada pudo alcanzar la etapa estacionaria de crecimiento, para continuar con la producción de biogás.

Estos resultados indican que es necesario realizar experimentos para conocer la influencia de la intensidad luminosa y la temperatura, de forma simultánea.

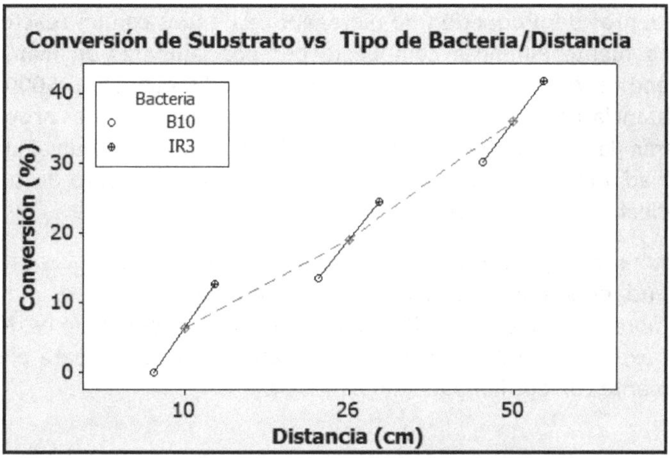

Figura 45. Datos promedio de conversión de substrato en hidrógeno, en función del tipo de bacteria y de la distancia de ubicación del reactor respecto a la fuente de luz.

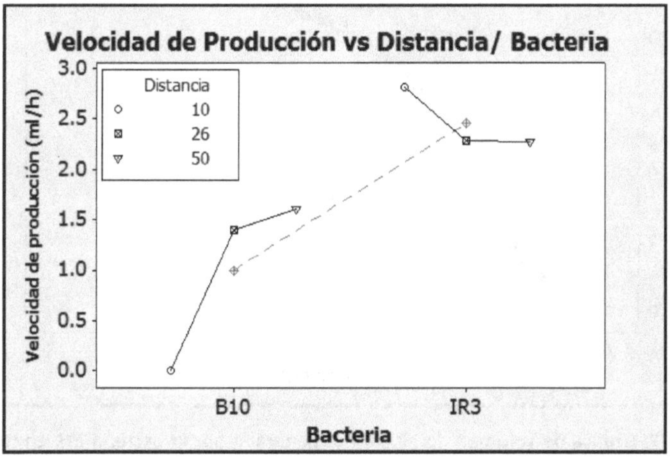

Figura 46. Datos promedio de velocidad de producción de hidrógeno, en función de la distancia de ubicación del reactor respecto a la fuente de luz y del tipo de bacteria.

Experimentos de producción de hidrógeno realizados con un reactor plano, con una fuente luminosa compuesta por dos lámparas de filamento de tungsteno de 75 W cada una, con una intensidad luminosa de 5000 luxes, a una distancia de 16 cm del reactor; fueron realizados con el propósito de comparar la producción a una intensidad luminosa equivalente a la intensidad luminosa lograda por una lámpara de filamento de tungsteno con deflector, colocada a 26 cm de la ubicación del reactor.

Los resultados (*figura 47*), indican que la pendiente de evolución rápida de hidrógeno, en la grafica de volumen en función del tiempo; es muy similar para ambos experimentos. Además, el volumen total generado es de 246 ml para el experimento de lámpara con deflector, y de 250 ml para el caso del experimento con dos lámparas sin deflector.

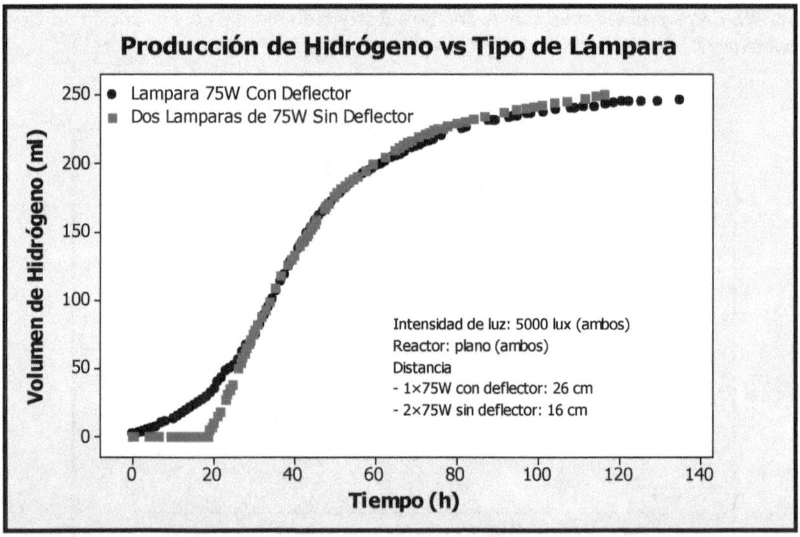

Figura 47. Grafica de volumen de hidrógeno generado por la bacteria IR3 en función del tiempo, realizada con el mismo tipo de reactor, con la misma intensidad luminosa, pero con diferente configuración de lámparas de filamento de tungsteno.

Estos resultados muestran que es posible obtener resultados de producción de hidrógeno equivalentes, a intensidades luminosas equivalentes. En la *figura 47* es posible observar un retraso en el inicio de la producción del segundo experimento, seguido por un incremento subido en la velocidad de producción de hidrógeno. Esto es debido al retraso en el registro manual de datos en el segundo experimento.

4.2.3 Producción de Hidrógeno con Filtros de Luz

La importancia de la longitud de onda de la luz en la generación de hidrógeno fotosintético, está determinada por el impacto que tienen diferentes partes del espectro de la luz en el metabolismo bacteriano. La luz infrarroja aumenta la temperatura del reactor, lo cual puede provocar un decremento en la producción de hidrógeno, o incluso la mortalidad bacteriana si no es aplicado un control de la temperatura. La luz ultravioleta tiene propiedades bactericidas, debido a su alta energía, capaz de romper las moléculas largas de las sustancias orgánicas. Debido a que algunas porciones del espectro luminoso no favorecen la producción de hidrógeno, resulta de gran importancia el aplicar solamente la parte del espectro luminoso responsable de la generación de hidrógeno.

Tabla 15. Resultados de velocidad de producción, producción total y rendimiento de conversión de substrato para las pruebas de producción de hidrógeno con luz de filamento de tungsteno sin deflector de luz. Las pruebas fueron realizadas aplicando filtros de colores a la superficie de los reactores y solo con la bacteria modificada IR3. El reactor sin filtro mostró un mejor desempeño.

Color de Filtro	**Sin Filtro**	**Rojo**	**Verde**	**Azul**
Bacteria Tipo	IR3	IR3	IR3	IR3
Geometria	plano	plano	plano	plano
Volumen de Reactor (ml)	245 ml	245 ml	245 ml	245 ml
Intensidad Luminosa (Lux)	5000	5000	5000	5000
Tiempo total (h)	116.2	100.9	77.5	0
Volumen Total producido (ml)	**250.0**	178.6	132.2	0
Velocidad promedio de produccion de H2 (ml/hr)	**2.971**	2.210	1.860	0
Rendimiento de conversion de substrato	**26.40**	18.86	13.96	0.000

Los resultados de producción de hidrógeno en función del tiempo para las pruebas realizadas a una intensidad de 5000 lux, con la bacteria tipo IR3, utilizando filtros de luz; son mostrados en la *figura 48.* El reactor con el filtro de color azul no produjo biogás.

Luz de diferentes regiones del espectro luminoso fue empleada como fuente de energía para el reactor plano fotosintético, conteniendo 250 cm^3 de cultivo bacteriano del tipo IR3. Los siguientes filtros de colores: azul con λ=(450-500) nm, verde con λ=(500-550) nm, y rojo con λ=(650-750) nm; fueron utilizados en conjunto con una lámpara incandescente de tungsteno de 75W con λ_{max}=(800-850) nm como fuente de luz. Los resultados obtenidos con los filtros de color fueron comparados con aquellos obtenidos sin filtros (luz blanca), de acuerdo a la *figura* 48.

El volumen de hidrógeno y el rendimiento de conversión mayores fueron encontrados en el reactor sin filtro de luz (*tabla 15*). El reactor sin filtro también mostro la velocidad de producción de luz más alta. Por otro lado, el reactor con el filtro de color rojo resulto con una mayor producción de hidrógeno que el reactor con el filtro verde.

Debido a que la lámpara incandescente de tungsteno genera luz mediante el calentamiento de un filamento solido a una temperatura muy alta, entre el 80% y el 85% de la luz emitida está en las regiones infrarroja e infrarroja cercana, mientras que solo el 15% al 20% de la luz emitida pertenece a la parte visible del espectro entre 400 nm y 700 nm. Las longitudes de onda ultravioleta (por debajo de 400 nm) representan menos del 1% de la energía emitida, la cual es absorbida casi completamente por el bulbo de vidrio de las lámparas incandescentes, y puede ser despreciada.

Sin un filtro de color el espectro completo de la luz, es decir, la energía total emitida de la lámpara es dirigida al reactor, mientras que los filtros de color permiten solamente el paso de una parte de la energía total; y como consecuencia la producción de hidrógeno es menor, comparada con la obtenida mediante la aplicación de luz blanca. Es por ello que la producción de hidrógeno resultante de la aplicación de luz blanca fue de 1.40 y 1.89 veces mayor que la cantidad obtenida con luz de filtros rojo y verde, de forma correspondiente. Los datos presentados en la figura 50 mostraron que la producción de hidrógeno con la aplicación del filtro rojo (λ=650-750 nm) excede en 1.35 veces la obtenida con luz aplicación del filtro verde (λ=500-550 nm).

Una comparación de los datos promedio para velocidad, volumen y eficiencia de la producción de hidrógeno con la variedad IR3 en un reactor plano y una lámpara de tungsteno de 75W, a una luminosidad de 5000 lux con y sin filtros de luz es presentada en la *tabla 15*. Tal como se muestra, la aplicación del filtro azul no tuvo efecto (producción cero).

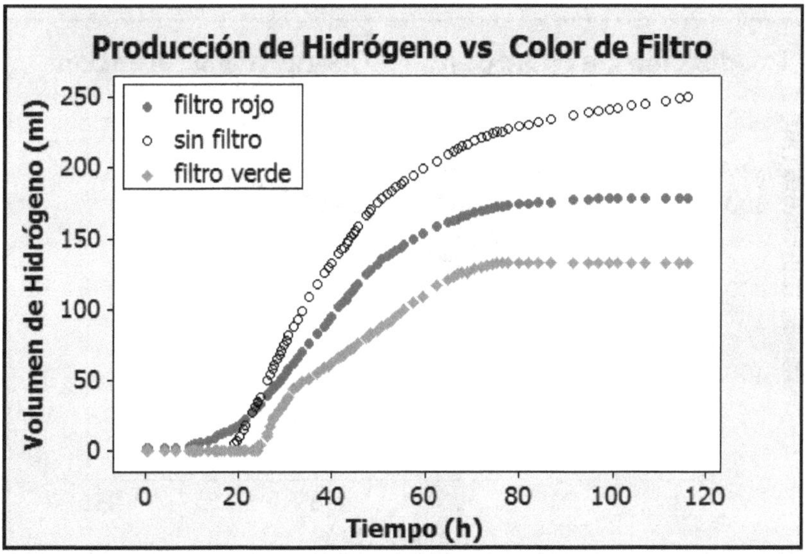

Figura 48. Producción comparativa de hidrógeno cuando se aplica un filtro de color a la superficie del reactor, con la bacteria IR3. El reactor sin filtro muestra un mejor desempeño.

4.2.4 Producción de Hidrógeno en Función de la Geometría del Reactor

Finalmente, las graficas de producción de hidrógeno en función del tiempo de las pruebas realizadas con dos diferentes geometrías de reactor, con una lámpara de filamento de tungsteno, a una distancia de 50 cm, solo con la bacteria modificada, son mostradas en la *figura 49*. El mayor volumen de hidrógeno fue generado en el reactor plano (419 ml vs 344 ml generados en el reactor cilíndrico). La velocidad promedio de producción fue de 2.27 ml/hr para el reactor semiplano vs 1.9 ml/hr para el reactor cilíndrico. Finalmente, el rendimiento de conversión de substrato fue de 41.7% para el reactor semiplano, y 31.2% para el cilíndrico (*tabla 16*).

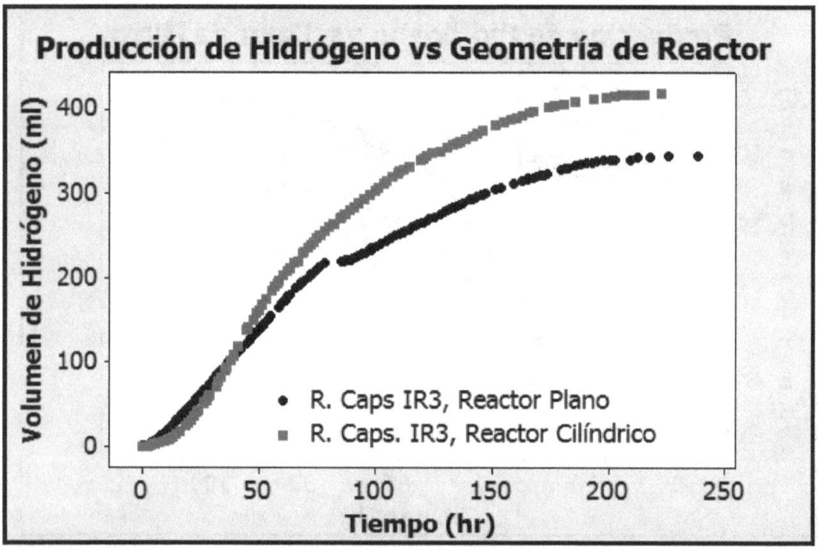

Figura 49. Producción de hidrógeno comparativa para experimentos con la bacteria IR3, con una lámpara con filamento de tungsteno de 75W con deflector; variando la geometría del reactor. La geometría plana (rojo), muestra un mejor desempeño que la geometría cilíndrica.

Estos resultados sugieren que la relación de área superficial a volumen, tiene un efecto en la producción de hidrógeno en las condiciones experimentales. Un cociente superficie/volumen mayor permitiría por lo tanto una exposición a la luz a un número mayor de microorganismos.

Tabla 16. Resultados de la producción fotosintética de hidrógeno con la *bacteria R. capsulatus* tipo IR3, con dos diferentes geometrías de reactor.

Bacteria	IR3	
Geometría	Cilindrico	Plano
Volumen Total producido (ml)	344.2	**419**
Velocidad promedio de producción de H2 (ml/hr)	1.895	**2.265**
Rendimiento de conversión de substrato	31.26	**41.72**

4.3 Producción de Hidrógeno con Luz Solar

4.3.1 Generación de Hidrógeno Solar con *R. capsulatus* B10/IR3

Reactores planos fueron inoculados con la bacteria *R. capsulatus* tipos B10 e IR3. Fueron colocados en el exterior, expuestos a la luz solar. Después de la puesta de sol, los reactores fueron llevados a la incubadora con iluminación de dos lámparas de tungsteno de 75 W cada una.

Durante la primera etapa de luz solar (12 horas aproximadamente), los reactores no fueron sometidos a control térmico, de forma tal que la temperatura alcanzo los 45-55°C. Durante este tiempo, y un periodo subsecuente de aproximadamente 12 horas, ninguna de los reactores había mostrado el color/turbidez característicos del crecimiento bacteriano. Después de los periodos de inactividad mencionados, el reactor con la bacteria tipo silvestre comenzó a mostrar crecimiento bacteriano, así como producción de hidrógeno. El reactor con la bacteria tipo IR3 no mostro crecimiento bacteriano, sino hasta 20 horas después del inicio de la producción del tipo B10.

Durante la primera etapa de luz solar (12 horas aproximadamente), los reactores no fueron sometidos a control térmico, de forma tal que la temperatura alcanzo los 45-55°C. Durante este tiempo, y un periodo subsecuente de aproximadamente 12 horas, ninguna de los reactores había mostrado el color/turbidez característicos del crecimiento bacteriano. Después de los periodos de inactividad mencionados, el reactor con la bacteria tipo silvestre comenzó a mostrar crecimiento bacteriano, así como producción de hidrógeno. El reactor con la bacteria tipo IR3 no mostro crecimiento bacteriano, sino hasta 20 horas después del inicio de la producción del tipo B10.

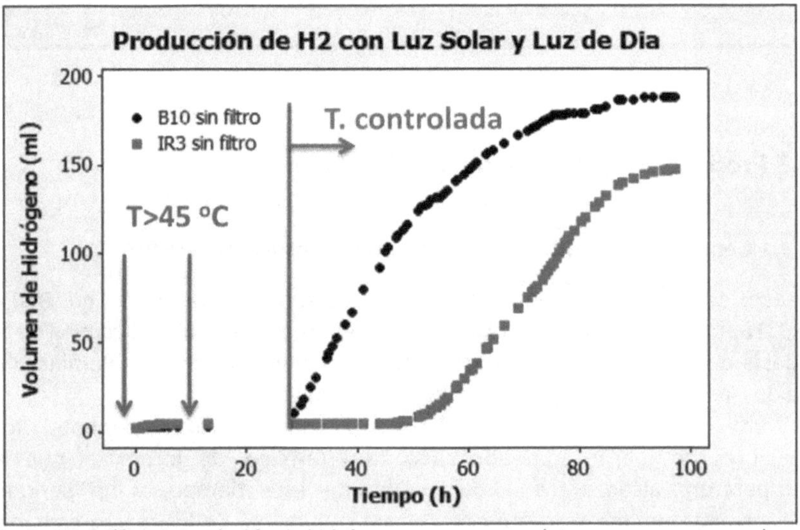

Figura 50. Gráfica de evolución de hidrógeno con respecto al tiempo, en reactores planos con las bacterias tipo B10 e IR3, utilizando iluminación solar de día, e iluminación de lámpara durante la noche.

Este comportamiento puede ser atribuido al hecho de que en primer lugar, la exposición a temperaturas altas afecto la viabilidad de las bacterias, las cuales entraron en un periodo de latencia en el que no existió reproducción, y en el que la población bacteriana pudo haber sufrido una severa reducción.

Sin embargo, el tipo IR3 mostro una mayor sensibilidad a la exposición al rango de temperatura mencionado, de tal forma que la reducción de la población bacteriana fue mayor que para la bacteria tipo silvestre. Durante el estudio de las curvas de crecimiento, la bacteria tipo modificada mostro una menor población bacteriana en el momento de alcanzar la etapa estacionaria; lo cual significa que el inoculo para el reactor también contiene una menor población con respecto a la bacteria B10.

Por otro lado, el volumen total de hidrógeno generado fue mayor para la bacteria silvestre (*tabla 17*). La diferencia en el volumen total producido es de 40.2 ml de hidrógeno. Los resultados obtenidos durante todos los experimentos previos con luz de lámpara mostraron una mayor producción de hidrógeno por parte de la bacteria modificada, con diferencias de 110 a 120 ml de hidrógeno.

Tabla 17. Volumen total de hidrógeno generado y rendimiento de conversión de substrato en hidrógeno durante los experimentos con ciclos de luz solar/lámpara de filamento de tungsteno.

	B10	IR3
Rendimiento de Conversión	**19.8**	15.6
Volumen Total	**187.7**	147.5

La mayor producción de hidrógeno y rendimiento de conversión de substrato de la bacteria silvestre apoya la hipótesis de que una porción del substrato fue utilizado por la bacteria modificada para reproducirse y llegar a la etapa estacionaria; después de haber sido sometida a temperatura alta.

4.3.2 Efecto del Régimen de Iluminación

Debido a que las curvas de producción de hidrógeno (*figura 50*), muestran varios cambios en la pendiente, un análisis seccionado de las curvas fue realizado. El primero de ellos fue hecho tomando la fuente de iluminación (sol/foco), como variable de desagregación.

En la *figura 51* se muestran las curvas de producción de hidrógeno para cada tipo de bacteria, separadas por periodos de iluminación luz solar/foco. Tres periodos dobles fueron analizados en total.

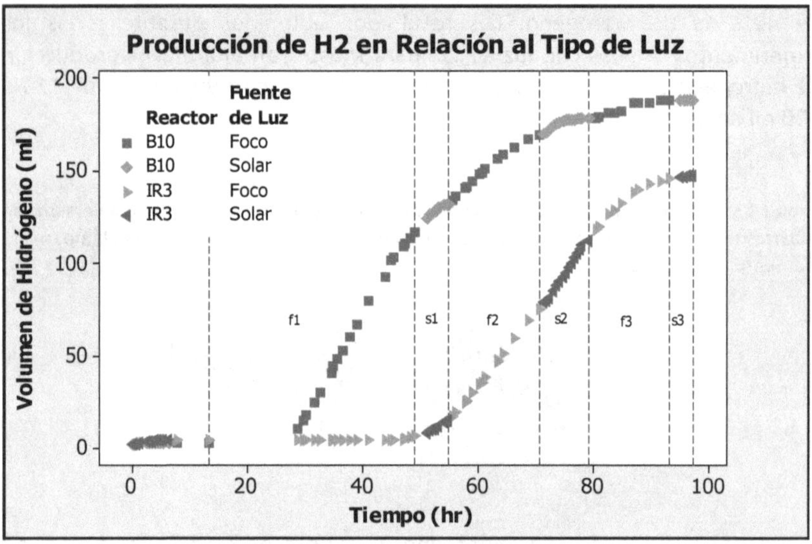

Figura 51. Gráfica de volumen de hidrógeno en función del tiempo para experimentos con ciclos de luz solar/foco en reactores planos, mostrando la separación de los datos en función de la fuente de luz. Las letras 'f' y 's' se refieren a 'foco' y 'solar' respectivamente.

El periodo f1 es el más extenso, ya que después del periodo de exposición a temperaturas por encima de 45 °C, fue necesario exponer los reactores a condiciones controladas de iluminación y temperatura con el objetivo de estimular el crecimiento de las bacterias sobrevivientes a dicho ciclo. Este periodo es el de mayor producción de hidrógeno para la bacteria silvestre, aunque la pendiente de la línea cambio de forma importante cuando el reactor fue expuesto a la luz solar.

Aun cuando los cambios en la velocidad de producción fueron detectados en ambos tipos de bacteria, fue en el caso del tipo B10 en donde los cambios fueron mayores, lo cual resulto en una curva irregular.

El análisis de la velocidad de producción de hidrógeno en función del tipo de iluminación para cada uno de los periodos, es mostrado en la *tabla 18* y en la *figura 52*.

Para el caso de la bacteria silvestre, la velocidad de producción de hidrógeno entre periodos fue decreciente. En el primer periodo, la bacteria B10 mostro la máxima velocidad de hidrógeno tanto con luz solar (2.9 ml/hr) como con foco (3.2 ml/hr) y la diferencia entre ambas velocidades fue pequeña. Durante el segundo periodo, las velocidades decrecieron a 2.4 ml/hr para foco y 1.1 ml/hr para solar, mostrando una diferencia mayor entre ambas. En el último periodo la velocidad de producción con foco cayó hasta 0.7 ml/hr, pero ya no hubo producción con luz solar.

En contraste, la velocidad de producción de hidrógeno con la bacteria modificada fue creciente al inicio, y después de alcanzar un punto máximo, esta disminuyo. El punto máximo fue alcanzado en el segundo periodo, con velocidades para iluminación con foco (4.0 ml/hr) y con sol (4.4 ml/hr).

De acuerdo a estos datos, la velocidad máxima alcanzada durante todo el experimento correspondió a la bacteria tipo IR3 con iluminación solar, lo cual muestra que es posible la generación de hidrógeno fotosintético con luz solar con velocidades comparables a las obtenidas con luz de lámparas en condiciones de laboratorio.

Tabla 18. Datos comparativos de velocidad de producción fotosintética de hidrógeno entre las bacterias *R. capsulatus* tipos B10 e IR3, en función de los periodos alternados de luz solar/foco.

	B10			IR3		
periodo	*Vol. (ml)*	*t (hr)*	*Vel. (ml/hr)*	*Vol. (ml)*	*t (hr)*	*Vel. (ml/hr)*
foco 1	113.6	35.8	3.2	2.1	3.6	0.6
foco 2	35.4	15.1	2.4	60.2	15.1	4.0
foco 3	9.3	12.7	0.7	33.6	12.7	2.6
solar 1	17.2	5.8	2.9	9	5.8	1.5
solar 2	9.4	8.4	1.1	36.9	8.4	4.4
solar 3	0	4.2	0.0	1.7	4.2	0.4

4.3.3 Interacción Fuente de Iluminación-Tipo de Bacteria

Adicionalmente, la *figura 52* muestra los datos promedio de velocidades para cada periodo por tipo de bacteria. El perfil decreciente de la bacteria B10 contrasta con el perfil de campana de la bacteria IR3. El promedio general de velocidad es mayor para la bacteria IR3. También es posible observar que en promedio, las velocidades de producción para esta bacteria son similares en la etapa 1 y en la etapa 3, al inicio y al final de la producción. La relación entre el tipo de bacteria y la fuente de iluminación esta mostrada en la *figura 53.* Los resultados obtenidos muestran una fuerte interacción entre el tipo de bacteria y la fuente de iluminación para el tipo B10, la cual está dada por la pendiente de la línea correspondiente a esta bacteria. En contraste, la pendiente de la línea correspondiente a la bacteria IR3 es pequeña. Esto significa que la diferencia entre las velocidades promedio de producción de hidrógeno con luz solar y luz de lámpara es pequeña.

Por otro lado, las velocidades promedio indican que efectivamente la bacteria modificada mostro las mayores velocidades de generación de hidrógeno, con ambos tipos de iluminación. La diferencia de velocidades de producción entre bacterias es especialmente grande cuando los reactores son iluminados con luz solar, de 2.1 ml/hr para la bacteria IR3 contra 1.35 ml/hr para la bacteria B10.

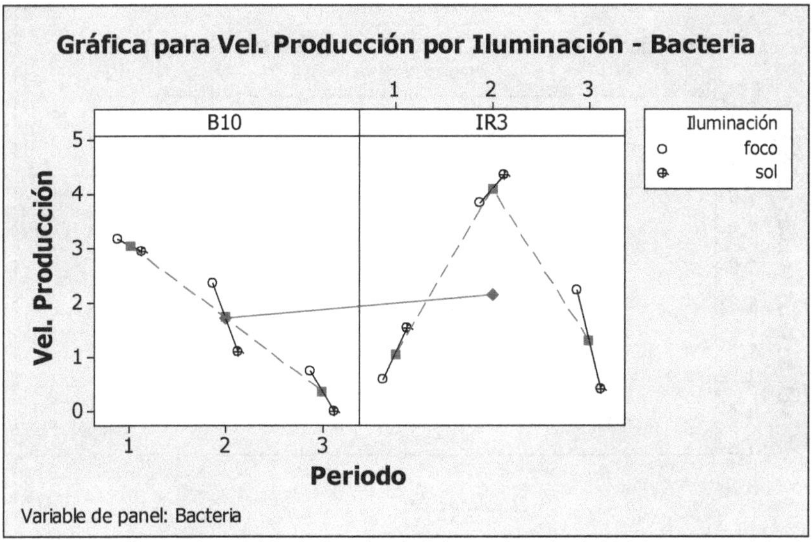

Figura 52. Gráfica multivariable de la velocidad de producción de hidrógeno con ciclos luz solar/foco para bacterias B10 e IR3, durante diferentes periodos de producción. Los puntos cuadrados indican promedios de velocidad foco/sol para cada periodo, mientras los puntos romboides indican el promedio de velocidad de producción de hidrógeno de los tres periodos, para cada bacteria.

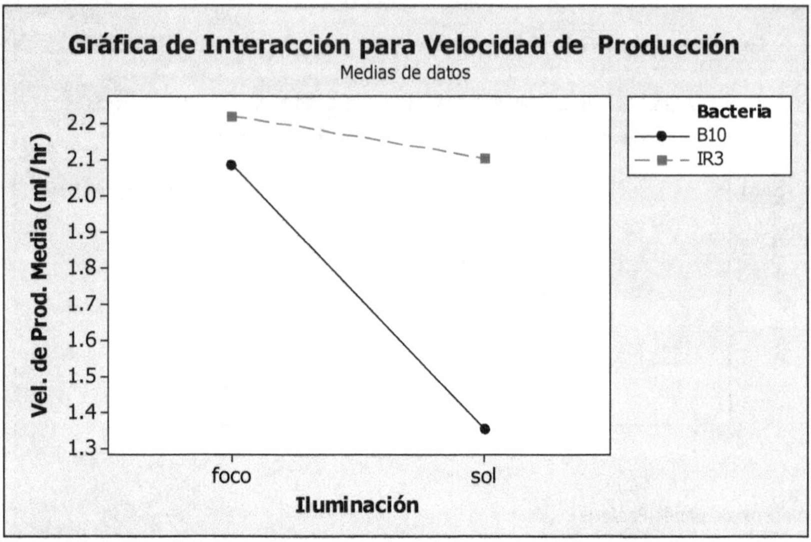

Figura 53. Gráfica de interacción entre el tipo de bacteria y la fuente de iluminación, con respecto a la velocidad de producción de hidrógeno fotosintético. Todos los puntos indican datos promedios para cada conjunto de condiciones.

4.3.4 Efecto de la Temperatura

Los mismos datos obtenidos durante la producción de hidrógeno con ciclos de luz solar/foco fueron utilizados para observar el efecto de la temperatura. Por lo tanto, fue utilizado como criterio de desagregación el intervalo de temperatura al cual fue llevado a cabo el experimento (*figura 54*). Tres diferentes intervalos de temperatura fueron estudiados, el primero de 30 a 35 °C, el segundo de 36 a 40 °C y el último de 41 °C en adelante. La *figura 54* muestra que en la curva correspondiente a la bacteria IR3, los cambios en la temperatura no están asociados a cambios apreciables de pendiente. Por ejemplo, en el cambio del periodo f1 a s1, un cambio de intervalo de temperatura tuvo lugar, al mismo tiempo que un cambio de pendiente en la curva. Sin embargo, la pendiente de la misma ya había cambiado antes del cambio de temperatura. Por otro lado, este cambio de pendiente ascendente, fue común en los experimentos previos realizados a diferentes intensidades luminosas, geometrías y filtros.

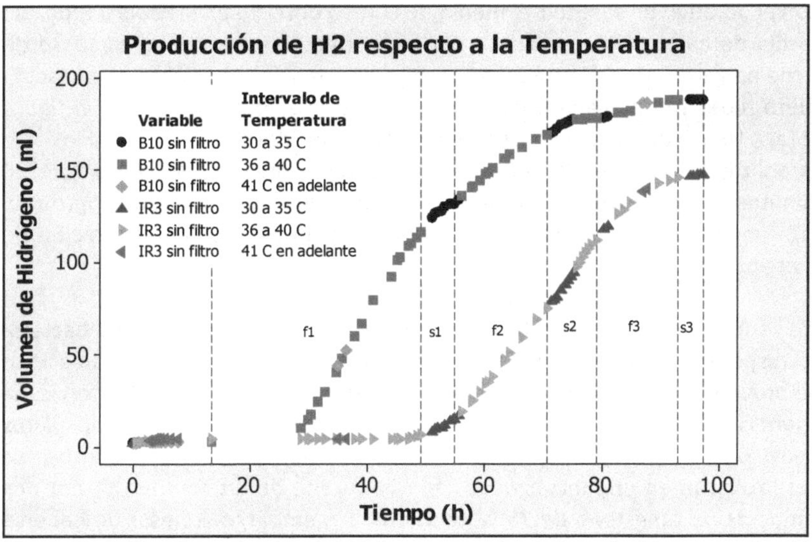

Figura 54. Gráfica de producción de hidrógeno con ciclos de luz solar/lámpara en función del tiempo y de la temperatura.

En la misma curva de la bacteria IR3, durante el periodo s2 otro cambio en la temperatura fue realizado. La línea no muestra cambios en la pendiente. Lo mismo sucedió durante el periodo f3.

En el caso de la curva correspondiente a la bacteria B10, esta presenta varios cambios de pendiente, aunque algunos de ellos coinciden tanto con el cambio de temperatura como con el cambio en régimen de iluminación. Sin embargo, en el caso de los periodos s2 y f3 durante los cuales hubo cambios de temperatura con régimen de iluminación constante, estos cambios tuvieron un efecto visible en el cambio de pendiente.

4.4 Producción de Hidrógeno con Suero de Leche

Con el objetivo de sustituir el medio de cultivo descrito en la *tabla 11*, por un medio de cultivo desarrollado a partir de materiales de desecho; suero de leche de vaca fue recolectado de una granja familiar productora de queso. El suero muestra una capa flotante de grasa, tal como se aprecia en *la figura 55*(a). Una vez que este sobrenadante fue descartado, el suero fue esterilizado en tubos de vidrio, a una temperatura de 220 °F durante 20 minutos. La aparición de agregados después de la esterilización (*figura 55* (b)), mostro que era necesario llevar a cabo un proceso de separación de proteína, anterior o posterior a la esterilización.

Los tubos esterilizados fueron inoculados con el tipo de bacteria correspondiente, con el objetivo de observar si este suero tiene la capacidad de proveer los nutrientes necesarios para el crecimiento de las bacterias. La *figura 55*(c) muestra el crecimiento de la bacteria *Rhodobacter capsulatus* tipos B10 e IR3 en suero de leche esterilizado. Estas bacterias se desarrollaron en una incubadora con una fuente de luz compuesta por dos lámparas de tungsteno de 75 W cada una. Sin embargo, a pesar de haberse desarrollado, la generación de biogás caracterizada por la formación de burbujas en el interior del tubo no fue llevada a cabo.
Estos resultados indican que es posible que el acido orgánico, en este caso acido láctico, necesario para la generación de hidrógeno; no está presente en el suero de leche. Esto significa que si la lactosa presente en el suero es convertida en su acido orgánico correspondiente, entonces la bacteria *R. capsulatus* será capaz de utilizarlo para generar biohidrógeno. De acuerdo a esta hipótesis, diversas muestras de suero de leche fueron sometidas a procesos de esterilización y filtrado, con el objetivo de eliminar los coágulos. Posteriormente fueron inoculadas con lactobacilos, para promover la conversión de lactosa a acido láctico durante un proceso de incubación en ausencia de luz.

Otro conjunto de muestras fueron incubadas en oscuridad antes de la esterilización, utilizando como inoculo las bacterias ya presentes en el suero. Ambos conjuntos de muestras fueron finalmente esterilizadas e inoculadas con *R. capsulatus* B10 e IR3. Los resultados de estos experimentos son mostrados en la *figura 56.*

Después del proceso de fermentación en oscuridad, las bacterias utilizaron el suero de leche para generar biogás (*figura 56*). Después de la aplicación del electrodo reversible de hidrógeno como sensor de hidrógeno (sección 4.5), fue posible identificar este biogás como hidrógeno.

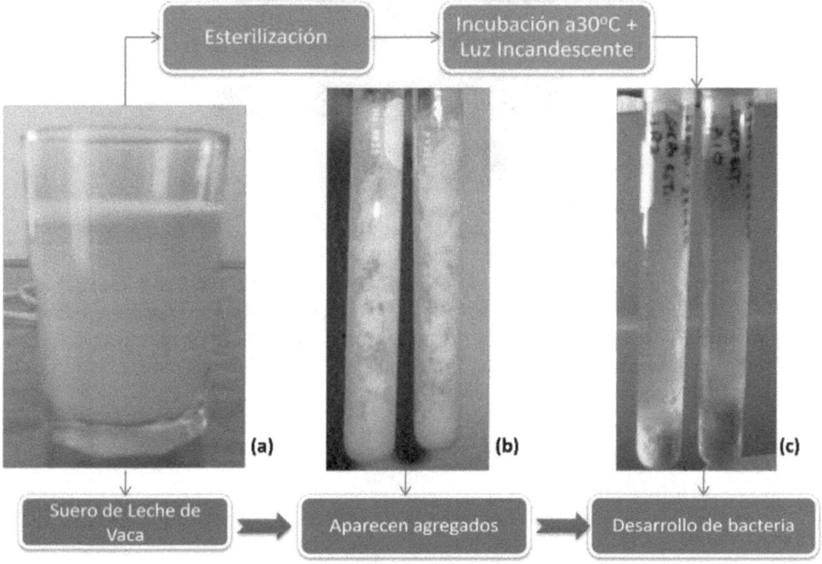

Figura 55. Esquema que muestra el suero de leche utilizado como substituto del medio de cultivo RCV descrito en la *tabla 11*. Ambos tipos de bacteria fueron capaces de utilizar el suero de leche esterilizado para desarrollarse.

Estos resultados demuestran que es posible generar hidrógeno fotosintético con productos de desecho tal como el suero de leche.

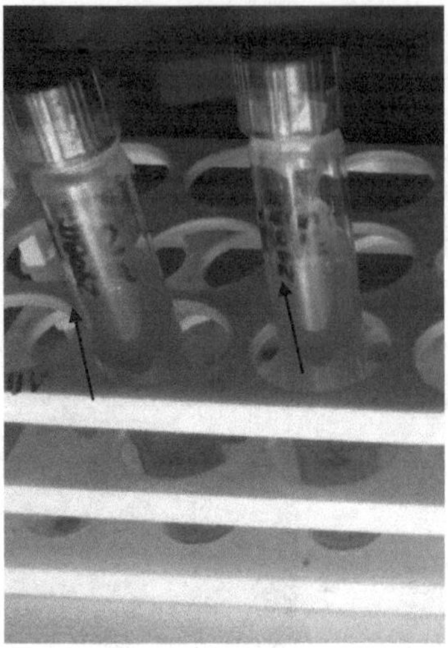

Figura 56. Muestras de suero de leche inoculadas con bacteria tipo B10 (derecha) e IR3 (izquierda). Las muestras de suero de leche fueron previamente sometidas a un proceso de fermentación oscura con bacterias presentes en el suero. El color rojo desarrollado y las burbujas presentes en la superficie son característicos del desarrollo de la bacteria y la formación de biogás, respectivamente.

4.5 Sensor de Hidrógeno

4.5.1 Calibración del Electrodo Reversible de Hidrógeno (RHE), como Sensor de Hidrógeno

La calibración del electrodo reversible de hidrógeno fue realizada graficando el potencial alcanzado del electrodo en función de ½ln[H2], de acuerdo a la ecuación [b] de la sección 2.4.1. Primero, la solución fue saturada mediante la generación de hidrógeno por 30 minutos. Después, el potencial del RHE, correspondiente a la solución saturada fue medido, y se encontró que fue de -244 mV vs. Ag/AgCl, 3M KCl.

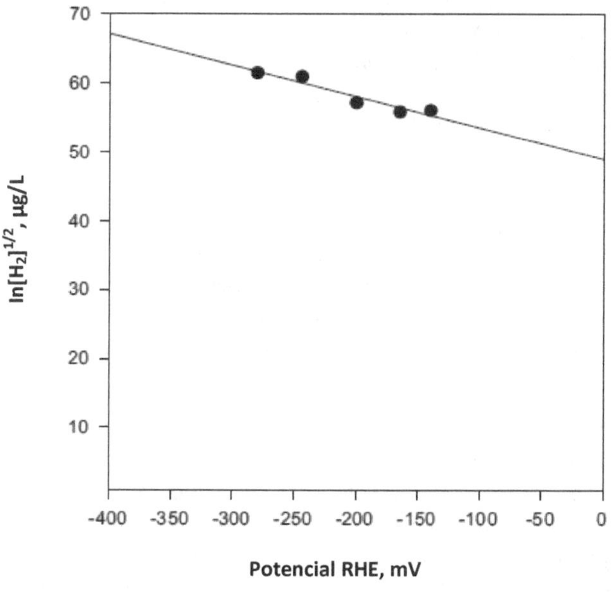

Figura 57. Gráfica de calibración del electrodo reversible de hidrógeno, para el reactor artificial generador de hidrógeno.

El valor de la concentración de hidrógeno en el punto de saturación fue evaluado tomando en cuenta la solubilidad del hidrógeno a 1 bar de presión y 25 °C de temperatura; la cual es de 1.55 mg/l [110]. También fue tomada en consideración la presión parcial del hidrógeno en el aire (0.00005 bares). De esta forma, se encontró que la concentración de hidrógeno en la saturación fue de 61 g/l.

Ya que cuando la concentración de hidrógeno es igual a cero, el potencial tiende a ser infinito de acuerdo a la ecuación [b], con la finalidad de obtener los diferentes valores para la concentración de hidrógeno disuelto y usarlos para construir la curva de calibración con las coordenadas ½ $\ln[H_2]$ vs potencial RHE potencial; dos métodos independientes pueden ser aplicados:

1. El cambio de la temperatura de 20 a 40 °C, con incrementos de 5°C, resulta en cambios en la solubilidad del hidrógeno, y por tanto; en cambios en las concentraciones de equilibrio del mismo. Los valores correspondientes del potencial del electrodo reversible de hidrógeno después de la corrección por la temperatura, de acuerdo al termino (RT/nF) de la ecuación de Nernst, debe ser graficado en función del término (½ $\ln[H_2]$).

2. La aplicación de pulsos cortos de voltaje consecutivos, en el electrodo de anillo de platino generador de hidrógeno; obteniendo así incrementos en escalón de la concentración de hidrógeno disuelto. Esta evaluación puede ser realizada calculando la cantidad de electricidad consumida durante el pulso, mediante la Ley de Faraday.

En el segundo método, es muy importante la precisión de la duración de los pulsos y de la duración del intervalo entre ellos. Una medición inadecuada tanto del pulso como del intervalo, provoca que la concentración de hidrógeno sea incrementada de forma no lineal. Los pulsos más cortos proveen mejor linealidad que los pulsos largos, aunque el rango de concentraciones de hidrógeno que pueden ser medidas es pequeño. Debido a estas dificultades, el primer método fue el elegido.

La curva de calibración en coordenadas ½ ln[H2] vs potencial RHE, construida mediante la aplicación del primer método es presentada en la *figura 57*.

4.5.2 Aplicación del RHE para la Determinación de Parámetros Cinéticos de la Generación de Hidrógeno con Bacterias

El monitoreo del potencial del electrodo reversible de hidrógeno provee datos que pueden ser fácilmente convertidos en volumen de hidrógeno generado bacteriológicamente, mediante el uso de la curva de calibración mostrada en la *figura 57*; y por lo tanto la velocidad de proceso puede ser calculada.

Una grafica con los ejes volumen de hidrógeno vs tiempo, obtenida a partir de los datos registrados de potencial RHE, en un reactor de 10 ml, es presentada en la *figura 58*.

La medición precisa de volúmenes tan pequeños, en el orden de los microlitros, hacen prácticamente imposible la construcción de esta curva utilizando métodos de medición de volumen tradicionales. Es precisamente por ello que la aplicación del RHE parece ser la herramienta indicada para la optimización de las condiciones del proceso de generación de hidrógeno bacteriano.

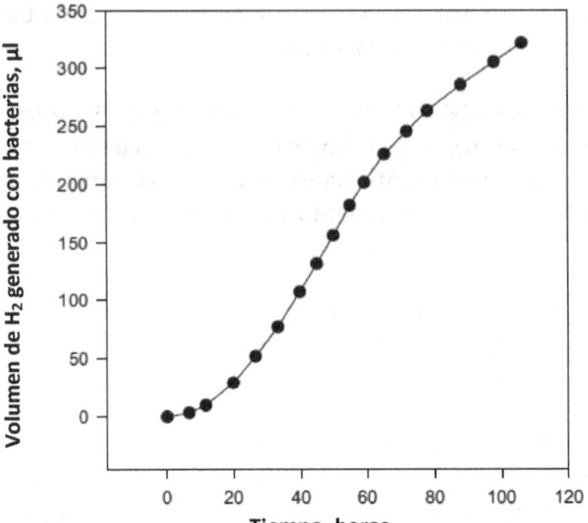

Figura 58. Volumen generado de hidrógeno en función del tiempo. Los datos de volumen fueron calculados con la ayuda de la curva de calibración, así como de los datos de potencial RHE, registrados durante la operación de un reactor de 10 ml, con la bacteria *Rhodobacter capsulatus* tipo IR3, en un medio de cultivo RCV.

La curva cinética correspondiente, la cual está en coordenadas de velocidad de generación de hidrógeno vs. tiempo, es mostrada en la *figura 59*. Esta grafica fue construida utilizando los valores de cambios de potencial del electrodo reversible de hidrógeno, en un periodo determinado de tiempo. Una velocidad de generación de hidrógeno de 5.49 l/h fue encontrada, durante la aplicación del reactor de 10 ml.

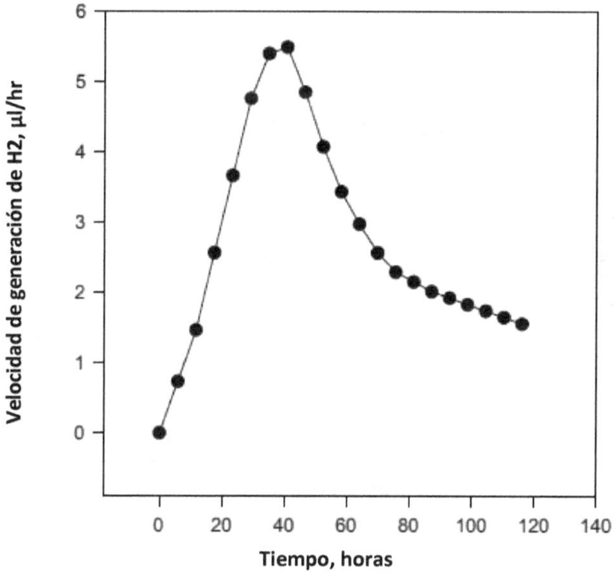

Figura 59. Curva de cinética de generación de hidrógeno, desarrollada a partir de los datos de cambios en el potencial del RHE, en un reactor de 10 ml conteniendo al tipo IR3 de la bacteria *Rhodobacter capsulatus.*

4.5.3 Determinación del Tiempo de Respuesta del RHE en 1M H_2SO_4

El tiempo de respuesta es una característica del sensor, de una gran importancia para los estudios cinéticos, en donde las mediciones correctas de parámetros dependientes del tiempo son de importancia mayor para la confianza de los datos obtenidos.

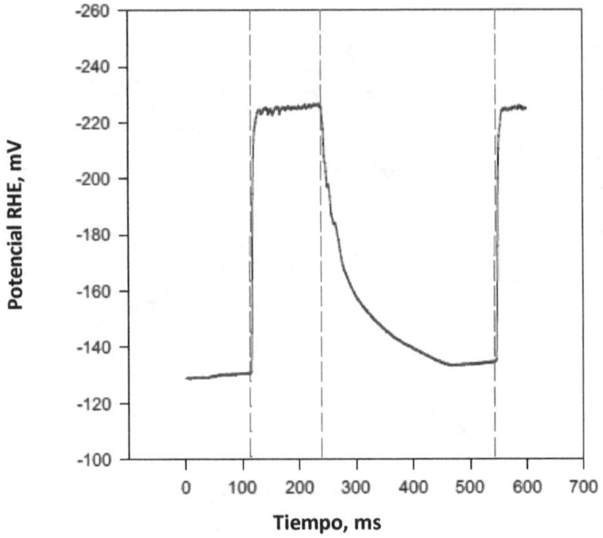

Figura 60. Potencial RHE vs. tiempo, durante la generación de H_2 mediante la aplicación de pulsos cortos de voltaje.

Para la determinación del tiempo de respuesta del electrodo reversible de hidrógeno utilizado como sensor, pulsos eléctricos cortos generadores de hidrógeno fueron aplicados a los electrodos en el interior del generador de hidrógeno gas.

La respuesta del RHE fue registrada (*figura 60*). Ya que el tiempo de transporte del hidrógeno desde el electrodo generador hasta el RHE no puede ser excluido del tiempo de respuesta que se incrementa; un anillo de platino adicional fue añadido cerca del anillo del RHE, a 1 mm de distancia, el cual fue usado como electrodo generador. La respuesta del sensor al 95% fue de 13 ms, como puede apreciarse en la curva magnificada presentada en la *figura 61*.

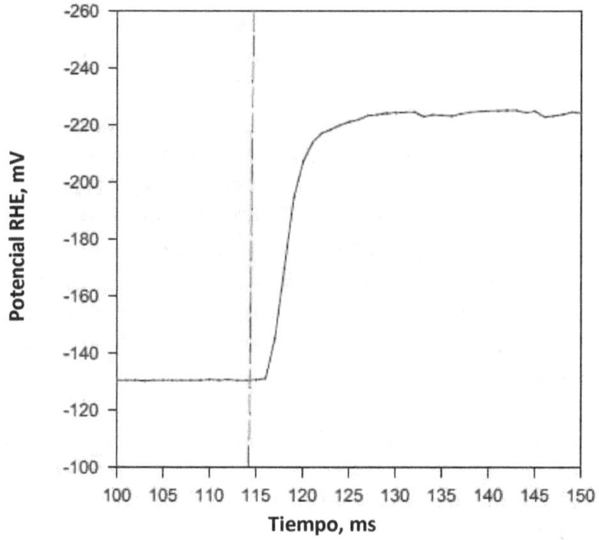

Figura 61. Curva magnificada de la respuesta ascendente del RHE, obtenida mediante la aplicación de pulsos de voltaje en el electrodo generador de hidrógeno, dentro del reactor artificial.

La línea vertical en esta figura corresponde al inicio del pulso eléctrico generador de hidrógeno. Cerca de 3 ms después, las primeras burbujas de hidrógeno alcanzaron el electrodo indicador RHE, cambiando su potencial.

El largo tiempo de la línea descendente de la respuesta del RHE no está relacionado con el tiempo de respuesta del sensor. Este tiempo es la consecuencia de la baja velocidad de escape del hidrógeno disuelto en la solución, provocando además el incremento en la línea base en la *figura 60*.

CONCLUSIONES

1. La capacidad productora de hidrógeno de los tipos B10 y el tipo genéticamente modificado IR3 de la bacteria *R. capsulatus* fue investigada. El tipo IR3 demostró tener la mayor velocidad de producción de hidrógeno, entre un 42% a un 64% mayor que el tipo B10, de acuerdo a las condiciones particulares del proceso. El cálculo de la velocidad promedio en periodos de iluminación combinada sol/foco, mostraron que la velocidad máxima de generación de hidrógeno es alcanzada con la bacteria IR3 con iluminación solar, con la geometría plana sin filtro de luz.

2. La velocidad promedio de producción de hidrógeno se incrementa con la intensidad luminosa. El uso de un reactor plano con mayor área superficial también incremento la velocidad. Los experimentos con filtros de luz mostraron que el reactor con filtro rojo tuvo la mayor velocidad de producción de hidrógeno, comparados con el verde y el azul. La curva de producción de hidrógeno en función del tiempo para la bacteria B10 muestra cambios de pendiente decrecientes con cambios crecientes de temperatura, en el rango de 30 a 40°C. La curva de la bacteria IR3 no fue afectada por dichos cambios. Los datos muestran además una fuerte interacción entre el tipo de bacteria y la fuente de luz, con respecto a la velocidad de generación de hidrógeno, solo para la bacteria B10.

3. Los resultados de medición de biomasa con respecto al tiempo confirman los resultados obtenidos con medición de absorbancia de luz. La población de la bacteria IR3 en la etapa estacionaria es menor a la población de la bacteria B10 en un porcentaje de 30 a 40%; lo cual sugiere que la cantidad de substrato disponible para su conversión a hidrógeno es mayor para el tipo IR3. La generación de hidrógeno comienza en la etapa estacionaria de crecimiento de ambos tipos de bacteria.

4. Los experimentos de producción de hidrógeno con luz solar demostraron que es posible utilizar la luz solar con las condiciones de intensidad de iluminación de la ciudad de Mexicali, B.C., para generar hidrógeno fotosintético. La factibilidad de generación de hidrógeno bajo ciclos de iluminación solar/foco también fue demostrada.

5. Las pruebas de generación de hidrógeno en suero de leche de vaca mostraron que es necesario someter el suero a un proceso fermentativo previo a la inoculación con las bacterias fotosintéticas, para que estas puedan producir hidrógeno.

6. Fue comprobada la capacidad de aplicación del electrodo reversible de hidrógeno para estudios cinéticos - medición en tiempo real de la velocidad de la producción biológica de hidrógeno del tipo IR3 de la bacteria *Rhodobacter capsulatus* en un medio RCV.

RECOMENDACIONES

De acuerdo a los avances logrados en este estudio, es pertinente realizar las siguientes recomendaciones:

1. Realizar experimentos de generación de hidrógeno fotosintético en un reactor de laboratorio iluminado con focos led de diversas longitudes de onda en el área visible del espectro electromagnético (se recomienda rojo, amarillo, verde y azul); para de ese modo determinar la cinética de la reacción en cada caso. Los parámetros cinéticos servirán para determinar el tipo de filtros de luz para la producción de hidrógeno fotosintético en reactor solar.

2. Realizar experimentos con el objetivo de determinar el proceso óptimo necesario para la transformación de residuos que contienen suero de leche, en un medio de cultivo que maximice la generación de hidrógeno dentro de un reactor fotosintético solar.

3. Tomar como base el diseño aquí propuesto, para la construcción de un reactor fotosintético solar tipo industrial, para la generación de hidrógeno (sección 3.4.2).

4. Realizar pruebas de generación de hidrógeno en este reactor, utilizando primero un substrato RCV con lactato de sodio; y después un substrato derivado de suero de leche. El régimen de iluminación será combinado, utilizando luz de lámpara alimentada con la batería incluida en el diseño de la sección 3.4.2, una vez que la luz solar no esté disponible.

7. BIBLIOGRAFÍA

1. Hoffman, P., Tomorrow's Energy: Hydrogen, Fuel Cells, and the Prospects for a Cleaner Planet, The MIT Press, 2001.
2. Asociación Nacional de Ingenieros del ICAI, Hidrógeno y pilas de combustible: estado actual y perspectiva inmediata, Universidad Pontificia Comillas, 2010.
3. EUROPEAN COMMISSION, Directorate-General for Research, Hydrogen Energy and Fuel Cells. A vision of our future, Final Report of the High Level Group, 2003, Website: http://ec.europa.eu/research/energy/pdf/hydrogen-report_en.pdf (12 de julio de 2011).
4. Qadrdan M, Saboohi Y and Shayegan J. A model for investigation of optimal hydrogen pathway, and evaluation of environmental impacts of hydrogen supply system. *International Journal of Hydrogen Energy*, 2008; 33, 7314-7325.
5. McFarland, Hunt, Campbell. Energy, Physics and the Environment. *Wuerz Pub.* 1993.
6. U.S. Department of Energy. Hydrogen Program. *http://www.hydrogen.energy.gov/presidents_initiative.html, Agosto 2007.*
7. U.S. Energy Information Administration. Internacional Energy Outlook 2007. *http://www.eia.doe.gov/oiaf/ieo/index.html.*
8. Poggi-Varaldo, H., Martinez A., Pineda-Cruz J., y Caffarel-Mendez S. Tecnologías Solar-Eólica-Hidrógeno-Pilas de Combustible como fuentes de energía, TECNOLÓGICO DE ESTUDIOS SUPERIORES DE ECATEPEC, 2009.
9. Gupta, Ram B., HYDROGEN FUEL: Production, Transport, and Storage, CRC Press, 2009.
10. Das, D. and Veziroglu, T. Hydrogen production by biological processes: a survey of literature. International Journal of Hydrogen Energy, 2001, 26, 1, 13-28.

11. Das, D., Khanna, N. and Veziroglu, T. Recent Developments In Biological Hydrogen Production Processes. Chemical Industry & Chemical Engineering Quarterly, 2008, 14 (2), 57–67.
12. Maeda, T; Sanchez, V. and Wood, T. Metabolic engineering to enhance bacterial hydrogen production. Microbial Biotechnology. Journal compilation, 2007 Society for Applied Microbiology and Blackwell Publishing Ltd.
13. Society for General Microbiology. Microbiology Today Magazine, Life's a gas...and it's hydrogen. Issue August 2008.
14. Das, D. Advances in biohydrogen production processes: An approach towards commercialization. *International Journal of Hydrogen Energy, 2009*, 34, 7349-7357.
15. Dasgupta, C.N., Gilbert, J.J., Lindblad, P., Heidorn, T., Borgvang, S.A., Skjanes, K. and Das, D. Recent trends on the development of photobiological processes and photobioreactors for the improvement of hydrogen production, *International Journal of Hydrogen Energy*, 2010, 35, 19, 10218-10238.
16. Martin, E; Shaheen, S; Lipman, T. and Lidicker, J. Behavioral response to hydrogen fuel cell vehicles and refueling: Results of California drive clinics. International Journal of Hydrogen Energy, 2009, 34, 20, 8670-8680.
17. Cecere, D., Ingenito, A., Giacomazzi, E., Romagnosi, L. and Bruno, C. Hydrogen/air supersonic combustion for future hypersonic vehicles, *International Journal of Hydrogen Energy,* 2011, 36, 18, 11969-11984.
18. Air Liquide. Hydrogen in a few figures. L'Air Liquide S.A., Septiembre 2011. http://www.hydrogen-planet.com/en/hydrogene-energie/l-hydrogene-en-quelques-chiffres.html.
19. McKinlay, J.B. and Harwood, C.S. Photobiological production of hydrogen gas as a biofuel. *Current Opinion in Biotechnology*, 2010, 21, 3, 244-251.
20. Honda FCX Clarity, http://automobiles.honda.com/fcx-clarity/ 28 julio del 2011.
21. Coenen, R. A proposal to Convert Air Transport to Clean Hydrogen (CATCH), *International Journal of Hydrogen Energy*, 2009, 34, 8451-8453.

22. He, D., Bultel, Y., Magnin, J., Roux, C. & Willison, J. C. Hydrogen photosynthesis by Rhodobacter capsulatus and its coupling to a PEM fuel cell. Journal of Power Sources, 2005, 141, 19-23.
23. Zlatev, R. Rapport Scientifique, Laboratoire d' Electrochimie et de Physico-Chimie des Matériaux et Interfaces, Equipe de Génie des Procédés Apliqués à l'Energie et à l'Environnement, G., 2005.
24. Levin, D; Pitt, L. and Murray, L. Biohydrogen production: prospects and limitations to practical application. International Journal of Hydrogen Energy, 2004, 29, 2, 173-185.
25. Asada, Y. and Miyake, J. Photobiological Hydrogen Production. JOURNAL OF BIOSCIENCE AND BIOENGINEERING, 1999, 88, No. 1, 1-6.
26. Vignais, P ; Magnin, J. And Willison, J. Increasing biohydrogen production by metabolic engineering. International Journal of Hydrogen Energy, 2006, 31, 11, 1478-1483.
27. Bianchi, L., Mannelli, F. Viti, C., Adessi, A. and De Philippis, R. Hydrogen-producing purple non-sulfur bacteria isolated from the trophic lake Averno (Naples, Italy). International Journal of Hydrogen Energy, 2010, 35, 22, 12216-12223.
28. Abo-Hashesh, M., Ghosh, D., Tourigny, A., Taous, A. and Hallenbeck, P. Single stage photofermentative hydrogen production from glucose: An attractive alternative to two stage photofermentation or co-culture approaches. *International Journal of Hydrogen Energy, In Press, Corrected Proof, Available online 25 March 2011.*
29. Davila, G., Arriaga, S., Alatriste, F., De Leon, A., Rosales, L. and Razo, E. Fermentative biohydrogen production: trends and perspectives. Rev Environ Sci Biotechnol., 2008, 7:27–45
30. Kleerebezem, R. and van Loosdrecht, M. Mixed culture biotechnology for bioenergy production. Current Opinion in Biotechnology, 2007, 18, 3, 207-212.
31. Lee, K; Lin, P; Fangchiang, K. and Chang, J. Continuous hydrogen production by anaerobic mixed microflora using a hollow-fiber microfiltration membrane bioreactor. International Journal of Hydrogen Energy, 2007, 32, 8, 950-957.

32. Mohan, S; Bhaskar, Y. and Sarma, P. Biohydrogen production from chemical wastewater treatment in biofilm configured reactor operated

in periodic discontinuous batch mode by selectively enriched anaerobic mixed consortia. Water Research, 41, 12, June 2007, 2652-2664.

33. Melis, A. and Melnicki, M. Integrated biological hydrogen production. International Journal of Hydrogen Energy, 2006, 31, 11, 1563-1573.
34. Argun, H. and Kargi, F. Effects of light source, intensity and lighting regime on bio-hydrogen production from ground wheat starch by combined dark and photo-fermentations. *International Journal of Hydrogen Energy*, 2010, 35, 4, 1604-1612.
35. Tsygankov, A. Nitrogen-Fixing Cyanobacteria: A Review. Applied Biochemistry and Microbiology, 2007, 43, 3, 250–259.
36. Voelskow, H. & Schon, G. H_2 Production of Rhodospirillum rubrum During Adaptation to anaerobic Dark Conditions. *Archives of Microbiology*, 1980, 125, 245-249.
37. Von Felten, P.; Zurrer, H. & Bachofen, R. Production of molecular hydrogen with immobilized cells of Rhodospirillum rubrum. Applied Microbiology and Biotechnology, 1985, 23: 15-20.
38. Nelson, N. A Novel Approach for Efficient Photosynthetic Hydrogen Production.
    Biophysical Journal, 2010, 98, 3, Supplement 1, 602a-603a.
39. Eroglu, E. and Melis, A. Photobiological hydrogen production: Recent advances and state of the art. *Bioresource Technology*, 2011, 102, 18, 8403-8413.
40. Keskin, T., Abo-Hashesh, M. and Hallenbeck, P. Photofermentative hydrogen production from wastes. *Bioresource Technology*, 2011, 102, 18, 8557-8568.
41. Ohta, Y., Frank, J. & Mitsui, A. Hydrogen production by marine photosynthetic bacteria: Effect of environmental factors and substrate specificity on the growth of a hydrogen-producing marine photosynthetic bacterium, Chromatium SP. Miami PBS 1071. Internacional J. Hydrogen Energy, 1981, Vol. 6, No. 5, 451-460.
42. Kim, J. S.; Yamauchi, H.; Ito, K. & Takahashi, H. Selection of a Photosynthetic Bacterium Suitable for Hydrogen Production in Outdoor Cultures among strains Isolated in the Seoul, Taegu, sendai and Bangkok Areas. *Agric. Biol. Chem.*, 1982, 46 (6), 1469-1474.

43. Bolliger, R.; Zurrer, H. & Bachofen, R. Photoproduction of molecular hydrogen from waste water of a sugar refinery by photosynthetic bacteria. *Applied Microbiology and Biotechnology*, 1985, 23: 147-151.
44. Merugu, R., Girisham, S. and Reddy, S.M. Bioproduction of hydrogen by *Rhodobacter capsulatus* KU002 isolated from leather industry effluents, *International Journal of Hydrogen Energy*, 2010, 35, 18, 9591-9597.
45. Srirangan, K., Pyne, M. and Chou, P. Biochemical and genetic engineering strategies to enhance hydrogen production in photosynthetic algae and cyanobacteria. *Bioresource Technology,* 2011, 102, 18, 8589-8604.
46. Willison, J. C.; Madern, D. & Vignais, P. M. Increased photoproduction of hydrogen by non-autotrophic mutants of Rhodopseudomonas capsulata. Biochem. J., 1984, 219, 593-600.
47. Kobayashi, J., Yoshimune, K., Komoriya, T. and Kohno, H. Efficient hydrogen production from acetate through isolated *Rhodobacter sphaeroides. Journal of Bioscience and Bioengineering, In Press, Corrected Proof, Available online 8 September 2011*.
48. Xu Li, Huan Shi, Yonghong Wang, Siliang Zhang, Ju Chu, Ming Zhang, Mingzhi Huang, and Yingping Zhuang Effects of vitamins (nicotinic acid, vitamin B_1 and biotin) on phototrophic hydrogen production by *Rhodobacter sphaeroides* ZX-5. *International Journal of Hydrogen Energy*, 2011, *36, 16, 9620-9625.*
49. Kapdan, I. And Kargi, F. Bio-hydrogen production from waste materials. Enzyme and Microbial Technology. 2006; 38: 569–582.
50. Mohan, S; Babu, V. and Sarma, P. Anaerobic biohydrogen production from dairy wastewater treatment in sequencing batch reactor (AnSBR): Effect of organic loading rate. Enzyme and Microbial Technology, 2007, 41, 4, 3 September 2007, 506-515.
51. Seifert, K. Waligorska, M. and Laniecki, M. Hydrogen generation in photobiological process from dairy wastewater, *International Journal of Hydrogen Energy*, 2010, 35, 18, 9624-9629.
52. Datar, R., Huang, J., Maness, P., Mohagheghi, R., Czernik, S. and Chornet, E. Hydrogen production from the fermentation of corn stover biomass pretreated with a steam-explosion process. *International Journal of Hydrogen Energy*, 2007 32, 8, 932-939.

53. Honghui Yang, Liejin Guo, Fei Liu. Enhanced bio-hydrogen production from corncob by a two-step process: Dark- and photo-fermentation, *Bioresource Technology*, 2010, *101, 16, 2049-2052.*
54. Yokoi, H; Maki, R; Hirose, J. and Hayashi, S. Microbial production of hydrogen from starch manufacturing wastes. Biomass and Bioenergy, 2002, 22, 5, 389-395.
55. O-Thong, S., Prasertsan, P., Intrasungkha, N., Dhamwichukorn, S. and Birkeland, N. Improvement of biohydrogen production and treatment efficiency on palm oil mill effluent with nutrient supplementation at thermophilic condition using an anaerobic sequencing batch reactor. Enzyme and Microbial Technology, 2007, 41, 5, 583-590.
56. Eroglu, E., Gündüz, F., Yücel, M., Türker, L. and Eroglu, I. Photobiological hydrogen production by using olive mill wastewater as a sole substrate source. International Journal of Hydrogen Energy, 2004, 29, 2, February 2004, 163-171.
57. Eroglu, E; Gündüz, U., Yücel, M. and Eroglu, I. Photosynthetic bacterial growth and productivity under continuous illumination or diurnal cycles with olive mill wastewater as feedstock. *International Journal of Hydrogen Energy*, 2010, 35, 11, 5293-5300.
58. Li Dong, Yuan Zhenhong, Sun Yongming, Kong Xiaoying, Zhang Yu. Hydrogen production characteristics of the organic fraction of municipal solid wastes by anaerobic mixed culture fermentation. *International Journal of Hydrogen Energy*, 2009, 34, 2, 812-820.
59. Afsar, N., Özgür, E., Gürgan, M., Akköse, S., Yücel, M., Gündüz, U. and Eroglu, N. *Hydrogen* productivity of photosynthetic bacteria on dark fermenter effluent of potato steam peels hydrolysate. *International Journal of Hydrogen Energy*, 2011, 36, 1, 432-438.
60. Vrati, S. & Verma, J. Production of Molecular Hydrogen and Single Cell Protein by *Rhodopseudomonas capsulata* from Cow Dung. *J. Ferment. Technol.*, 1983, Vol. 61, No. 2, 157-162.
61. Gómez, X; Morán, A; Cuetos, M. and Sánchez, M. The production of hydrogen by dark fermentation of municipal solid wastes and slaughterhouse waste: A two-phase process. Journal of Power Sources, 2006, 157, 727–732.

62. Gómez, X., Fernández, C., Fierro, J., Sánchez, M.E., Escapa, A. and Morán, A. Hydrogen production: Two stage processes for waste degradation, *Bioresource Technology*, 2011, *102, 18, 8621-8627.*
63. Gabrielyan, L., Torgomyan, H. and Trchounian, A. Growth characteristics and hydrogen production by *Rhodobacter sphaeroides* using various amino acids as nitrogen sources and their combinations with carbon sources, *International Journal of Hydrogen Energy*, 2010, 35, 22, 12201-12207.
64. Hidayet Argun and Fikret Kargi. Bio-hydrogen production by different operational modes of dark and photo-fermentation: An overview. *International Journal of Hydrogen Energy*, 2011, 36, 13, 7443-7459.
65. Laurinavichene, T.V., Belokopytov, B.F., Laurinavichius, K.S., Tekucheva, D.N., Seibert, M. and Tsygankov, A.A. Towards the integration of dark- and photo-fermentative waste treatment. 3.Potato as substrate for sequential dark fermentation and light-driven H_2 production. *International Journal of Hydrogen Energy*, 2010, *35, 16, 8536-8543.*
66. Vincenzini, M.; Balloni, W.; Mannelli, D. & Florenzano, G. A birreactor for continuous treatment of waste waters with immobilized cells of photosynthetic bacteria. *Experiencia*, 37 (1981), Birkhauser Verlag, Basel (Schweiz), 710-712.
67. Khanal, S; Chen, W; Li, L. and Sung, S. Biological hydrogen production: effects of pH and intermediate products. *International Journal of Hydrogen Energy*, 2004, 29, 11, 1123-1131.
68. Kim, I; Hwang, M; Jang, N; Hyun, S. and Lee, S. Effect of low pH on the activity of hydrogen utilizing methanogen in bio-hydrogen process. *International Journal of Hydrogen Energy*, 2004, 29, 11, 1133-1140.
69. Mu, Y; Zheng, X; Yu, H. and Zhu, R. Biological hydrogen production by anaerobic sludge at various temperatures. International Journal of Hydrogen Energy, 2006, 31, 780 – 785.
70. Valdez, I.; Rios, E.; Esparza, F.; Cecchi, F. and Poggi, M. Semi-continuous solid substrate anaerobic reactors for H2 production from organic waste: Mesophilic versus thermophilic regime. International Journal of Hydrogen Energy, 2004, 30, 13-14, 1383-1391.
71. Stevens, P.; Vertonghen, C. De Vos, P. & De Ley, J. The effect of temperature and Light intensity on hydrogen gas production by

different *Rhodopseudomonas capsulata* strains. *Biotechnology Letters*, (1984), Vol. 6, No. 5, 277-282.

72. Miyake, J; Wakayama, T; SCHNACKENBERG, J; Takaaki, A. and Asada, Y. Simulation of the Daily Sunlight Illumination Pattern for Bacterial Photo-Hydrogen Production. JOURNAL OF BIOSCIENCE AND BIOENGWEERING, 1999, 88, 6, 659-663.
73. Akkerman, I; Janssen, M; Rocha, J. and Wijffels, R. Photobiological hydrogen production: photochemical efficiency and bioreactor design. International Journal of Hydrogen Energy, 2002, 27, 11-12, 1195-1208.
74. Qiang Liao, Ye-Jun Wang, Yong-Zhong Wang, Xun Zhu, Xin Tian, Jun Li. Formation and hydrogen production of photosynthetic bacterial biofilm under various illumination conditions, *Bioresource Technology*, 2010, 101, 14, 5315-5324.
75. Rossi, F. and Filipponi, M. Hydrogen production from biological systems under different illumination conditions. *International Journal of Hydrogen Energy*, 2011, 36, 13, 7479-7486.
76. Ye-Jun Wang, Qiang Liao, Yong-Zhong Wang, Xun Zhu, Jun Li. Effects of flow rate and substrate concentration on the formation and H_2 production of photosynthetic bacterial biofilms. *Bioresource Technology*, 2011, 102, 13, 6902-6908.
77. Cuetos, M; Gómez, A; Escapa, A. and . Morán, A. Evaluation and simultaneous optimization of biohydrogen production using 32 factorial design and the desirability function. Journal of Power Sources, 2007, 169, 1, 131-139.
78. Chen, C; Lu, W; Wu, J. and Chang, J. Enhancing phototrophic hydrogen production of *Rhodopseudomonas palustris* via statistical experimental design. *International Journal of Hydrogen Energy*, 2007 32, 8, 940-949.
79. Mu, Y; Wang, G. and Yu, H. Response surface methodological analysis on biohydrogen production by enriched anaerobic cultures. Enzyme and Microbial Technology, 2006, 38, 905–913.
80. Iwuchukwu, I., Iwuchukwu, E., Le, R., Paquet, C., Sawhney, R., Bruce, B. and Frymier, P. Optimization of photosynthetic hydrogen yield from platinized photosystem I complexes using response surface methodology, *International Journal of Hydrogen Energy*, 2011, 36, 18, 11684-11692.

81. Allakhverdiev, S., Thavasi, V., Kreslavski, V., Zharmukhamedov, S., Klimov, V., Ramakrishna, S., Los, D., Mimuro,M., Nishihara, H. and Carpentier, R. Photosynthetic hydrogen production. *Journal of Photochemistry and Photobiology C: Photochemistry Reviews*, 2010, 11, 2-3, 101-113.
82. Burgess, S., Tamburic, B., Zemichael, F., Hellgardt, K. and Nixon, P. Chapter 3 - Solar-Driven Hydrogen Production in Green Algae. *Advances in Applied Microbiology*, 2011, *75, 71-110.*
83. Xiaomin Wu, Xueqing Wang, Honghui Yang, Liejin Guo. A comparison of hydrogen production among three photosynthetic bacterial strains, *International Journal of Hydrogen Energy*, 2010, 35, 13, 7194-7199.
84. Hillmer, P. & Gest, H. H_2 Metabolism in the Photosynthetic Bacterium *Rhodopseudomonas capsulata*: H_2 Production by Growing Cultures. Journal of Bacteriology, 1977, Vol 129, No. 1, 724-731.
85. Kawagoshi, Y., Oki, Y., Nakano, I., Fujimoto, A. and Takahashi, H. Biohydrogen production by isolated halotolerant photosynthetic bacteria using long-wavelength light-emitting diode (LW-LED). *International Journal of Hydrogen Energy,* 2010, 35, 24, 13365-13369.
86. Wang, Y; Mu, Y. and Yu, H. Comparative performance of two upflow anaerobic biohydrogen-producing reactors seeded with different sludges. *International Journal of Hydrogen Energy*, 2007, 32, 8, 1086-1094.
87. Eroglu, I; Aslan, K; Gündüz, U; Yücel, M. and Türker, L. Substrate consumption rates for hydrogen production by *Rhodobacter sphaeroides* in a column photobioreactor. Journal of Biotechnology 70, Issues 1-3, 30 April 1999, Pages 103-113.
88. Xin Tian, Qiang Liao, Xun Zhu, Yongzhong Wang, Pan Zhang, Jun Li, and Hong Wang. Characteristics of a biofilm photobioreactor as applied to photo-hydrogen production. *Bioresource Technology, Volume 101, Issue 3, February 2010, Pages 977-983.*
89. Boran, E., Özgür, E., van der Burg, J., Yücel, M., Gündüz, U. and Eroglu, I. Biological hydrogen production by *Rhodobacter capsulatus* in solar tubular photo bioreactor. *Journal of Cleaner Production*, 2010, *18, Supplement 1, S29-S35.*

90. Wakayama, T. and Miyake, J. Light shade bands for the improvement of solar hydrogen production efficiency by Rhodobacter sphaeroides RV. International Journal of Hydrogen Energy, 2002, 27, 1, 495-500.
91. Romagnoli, F., Blumberga, D. and Pilicka, I. Life cycle assessment of biohydrogen production in photosynthetic processes, *International Journal of Hydrogen Energy*, 2011, *36, 13, 7866-7871.*

92. Yong-Zhong Wang, Qiang Liao, Xun Zhu, Jun Li, Duu-Jong Lee. Effect of culture conditions on the kinetics of hydrogen production by photosynthetic bacteria in batch culture. *International Journal of Hydrogen Energy.* In Press, Corrected Proof. Available online 29 April 2011.
93. Chun-Yen Chen, Chia-Hsien Liu, Yung-Chung Lo, Jo-Shu Chang. Perspectives on cultivation strategies and photobioreactor designs for photo-fermentative hydrogen production. *Bioresource Technology*, 2011, 102, 18, 8484-8492.
94. Hillmer, P. & Gest, H. H_2 Metabolism in the Photosynthetic Bacterium Rhodopseudomonas capsulata: Production and Utilization of H_2 by Resting Cells. *Journal of Bacteriology*, 1977, Vol 129, No. 2, 732-739.
95. Nakada, E., Nishikata, S., Asada, Y. & Miyake, J. Photosynthetic bacterial hydrogen production combined with a fuel cell. *International Journal of Hydrogen Energy*, 1999, 24, 1053-1057.
96. Jounneau, Y.; Wong, B. & Vignais, P. M. Stimulation by Light of nitrogenase síntesis in cells of Rhodopseudomonas capsulata growing in N-limited continuous cultures. *Biochimica et Biophysica Acta*, 1985, 808, 149-155.
97. Francou, N. & Vignais, P. M. Hydrogen production by Rhodopseudomonas capsulata cells entrapped in carrageenan beads. Biotechnology Letters, 1984, Vol. 6, No. 10, 639-644.
98. Obeid, J., Flaus, J-M., Adrot, O., Magnin, J-P. and Willison, J. State estimation of a batch hydrogen production process using the photosynthetic bacteria *Rhodobacter capsulatus*, *International Journal of Hydrogen Energy*, 2010, 35, 19, 10719-10724.
99. Miyamoto, K. & Miura, Y. Problems in Photobiological Production of Hydrogen. Process Biochemistry, 1980, June/July, 23-26.

100. Microbe Wiki. Microbial Biorealm, *Rhodobacter*. *http://microbewiki.kenyon.edu/index.php/Rhodobacter. Agosto 2007.*
101. Fu-Qiao Xu, Wei-Min Ma, Xin-Guang Zhu. Introducing pyruvate oxidase into the chloroplast of *Chlamydomonas reinhardtii* increases oxygen consumption and promotes hydrogen production. *International Journal of Hydrogen Energy*, 2011, 36, 17, 10648-10654.
102. Park Yejun, Lee Byungjoo, Kim Chunjoong, Kim Jongmin, Nam Seunghoon, Oh Yuhong, Park Byungwoo. Modification of Gold Catalysis with Aluminum Phosphate for Oxygen-Reduction Reaction, *Journal of Physical Chemistry, 2010, C* 114, 3688.
103. Ishihara Akimitsu, Ohgi Yoshiro, Matsuzawa Koichi, Mitsushima Shigenori, Ota Ken-ichiro. Progress in non-precious metal oxide-based cathode for polymer electrolyte fuel cells, *Electrochimica Acta, 2010,* 55, 27, 8005-8012.
104. Ji Yanfeng, Li Zhongfang, Wang Suwen, Xu Guofeng, Yu Xianjin. Thermal treatment of Co(II) tetracarboxyphenyl porphyrin supported on carbon as an electrocatalyst for oxygen reduction. *International Journal of Hydrogen Energy*, 2010, 35, 15, 8117-8121.
105. Chun Jang H., Ra Keuk H., Kim Nam Y. Erratum: Langmuir Adsorption Isotherms of Overpotentially Deposited Hydrogen at Poly-Au and Rh/H2SO4 Aqueous Electrolyte Interfaces: Qualitative Analysis Using the Phase-Shift Method. *Journal of the Electrochemical Society, 2010,* 157, S14.
106. Zhang Peng, Huang Sheng-Yang, B. N. Popov. Mesoporous Tin Oxide as an Oxidation-Resistant Catalyst Support for Proton Exchange Membrane Fuel Cells. *Journal of the Electrochemical Society,* 2010,157, 8, B1163.
107. Chun Jang H., Kim Nam Y., Chun Jin Y. Determination of adsorption isotherms of hydrogen and hydroxide at Pt–Ir alloy electrode interfaces using the phase-shift method and correlation constants. *International Journal of Hydrogen Energy,* 2008, 33, 2, 762-744.
108. Chun Jin Y., Chun Jang H. Determination of Adsorption Isotherms of Hydrogen on Titanium in Sulfuric Acid Solution Using the Phase-Shift Method and Correlation Constants. *Journal of Chemical & Engineering Data,* 2010, 55, 2942.

109. Obeid, J., Magnin, J-P., Flaus, J-K., Adrotb, O., Willison, J. C. and, Zlatev, R. Modelling of hydrogen production in batch cultures of the photosynthetic bacterium *Rhodobacter capsulatus*. *International Journal of Hydrogen Energy,* 2009, 34, 1, 180-185.
110. Penner, R. M. Electrodeposition of nanowires for the detection of hydrogen gas. *MRS Bulletin,* 2010, 35, 10, 771-777.
111. Vertes, G. and Nagy, F., *Magy. Kem. Folyoirat.*, 1960, 65, 450.
112. Technology Roadmap. Hydrogen and Fuel Cells. International Energy Agency 2015.
113. Ma. Jose Montes, A. Abanades and J.M. Martinez-Val. Producción de hidrógeno a partir de energía solar. PRODUCCIÓN DE HIDRÓGENO A PARTIR DE ENERGÍA SOLAR. http://www.energiasostenible.net/DVD/H2solar.pdf. October 11, 2015.
114. Splitting of H2O and CO2 via metal oxide redox reactions. Institute of Solar Research. http://www.dlr.de/sf/en/DesktopDefault.aspx/tabid-9315/16078_read-39194/gallery-1/gallery_read-Image.73.23427/. October 11, 2015.
115. Economic analysis of standalone wind-powered hydrogen refueling stations for road transport at selected sites in Sweden. Shahid Hussain Siyal, Dimitris Mentis and Mark Howells. *International Journal of Hydrogen Energy*, 40 (2015) 9855-9865.
116. Estimation of Hydrogen Production Using Wind Energy in Algeria. Mohamed Douak and Noureddine Settou. *Energy Procedia*. Volume 74, 2015, 981–990.
117. Technology Roadmap. Wind Energy. International Energy Agency 2013.
118. Technical and economic analysis of Plasma-assisted Waste-to-Energy processes. Caroline Ducharme, Nickolas J. Themelis and Marco J. *Castaldi. M*.S. Thesis, Department of Earth and Environmental Engineering, Columbia University. 2010.
119. Hydrogen production from ethanol reforming: Catalysts and reaction mechanism. T. Hou, S. Zhang, Y. Chen, D. Wang , and W. Cai. *Renewable and Sustainable Energy Reviews*, 44 (2015) 132–148.

FSC
www.fsc.org
MIX
Papier | Fördert gute Waldnutzung
FSC® C083411

Kolibri 360 GmbH
Ferdinand-Jühlke-Straße 7
99095 Erfurt, Deutschland
produktsicherheit@kolibri360.de

Druck:
CPI Druckdienstleistungen GmbH
im Auftrag der
Kolibri 360 GmbH
Ferdinand-Jühlke-Str. 7
99095 Erfurt